図解即戦力 豊富な図解と丁寧な解説で、知識0でもわかりやすい！

Amazon Web Services AWS の

しくみと技術が しっかりわかる 教科書

これ1冊で

小笠原種高
Shigetaka Ogasawara

技術評論社

はじめに

　AWS（Amazon Web Services）は、インターネット通販で有名なAmazon.comが、自社のノウハウを生かして提供している「クラウドコンピューティングサービス」です。

　「クラウド」という言葉を聞くようになってから、ずいぶん経ちました。始まった当初は、海のものとも山のものともつかぬ一時の流行のように見られていたクラウドですが、現在では政府情報システムを「クラウド・バイ・デフォルト原則」とするとうたわれるぐらいには、社会インフラとしての重要度が上がっています。

　このクラウドの代表格といってもよいのがAWSです。AWSでは、Webに関する機能だけではなく、自社システムや、機械学習、インフラに関わる機能まで、実に幅広いサービスを提供しています。その位置付けは、「レンタルサーバーのかわりにAWS」のような「何かの代替品」ではなく、システムやインフラを構築する上で、なくてはならない概念に変わりつつあります。

　本書では、AWSの主要サービスであるAmazon EC2や、Amazon S3を紹介しながら、AWSやクラウドの基本的な概念をわかりやすく、図を多く用いて解説しました。AWSは、従来のコンピューティングサービスとは違うサービスですが、その根幹にある考え方や技術は同じです。AWSのサービスは幅が広いので、最初は戸惑うかもしれません。しかし、どのようなサービスで、どのような特徴があり、どのように使っていけばよいのか、本書を読み終わったときには、あなたの頭の中には、さまざまなAWS活用術が浮かんでいるはずです。

　次々と進化し、変化し続けるAWSの世界をぜひ楽しんでください。

2019年10月9日　小笠原 種高（ニャゴロウ先生）

はじめにお読みください

　本書に記載された内容は、情報の提供のみを目的としています。したがって、本書を用いた運用は、必ずお客様自身の責任と判断によって行ってください。これらの情報の運用の結果について、技術評論社および著者はいかなる責任も負いません。

　本書記載の内容は、2022年1月現在のものを掲載しています。そのため、ご利用時には変更されている場合もあります。また、ソフトウェアはバージョンアップされることがあり、本書の説明とは機能や画面が異なってしまうこともあります。

　以上の注意事項をご承諾いただいた上で、本書をご利用願います。これらの注意事項をお読みいただかずにお問い合わせいただいても、技術評論社および著者は対処できません。あらかじめ、ご承知おきください。

●本書で紹介している商品名、製品名等の名称は、すべて関係団体の商標または登録商標です。
●なお、本文中に™マーク、®マーク、©マークは明記しておりません。

目次　Contents

1章
Amazon Web Servicesの基礎知識

01 Amazon Web Servicesとは
〜Amazonが提供するクラウドサービス …… 010

02 AWSのサービス
〜165種類以上のサービスを提供 …… 016

03 AWSのコスト
〜初期コストが安く済むがランニングコストがやや高い …… 024

04 AWSの利用のしくみ
〜誰でもかんたんにサービスを利用できる …… 028

05 AWSの導入事例と構成例
〜大手企業や政府機関での採用も多数 …… 032

06 AWSの導入方法
〜アカウントを作成してサインインするだけ …… 040

2章
AWSを知るための
クラウド＆ネットワークのしくみ

07 クラウドとオンプレミス
〜クラウドコンピューティングのしくみ …… 044

08 仮想化と分散処理
〜クラウドを支える2大技術 …… 048

09 SaaS、PaaS、IaaS
〜クラウドのサービス提供形式 …… 052

10 サーバーとインスタンス
〜ネットワーク上に作られた仮想サーバー …… 054

004

11 LAN
〜LANを構成する技術 060

12 IPアドレスとDNS
〜ネットワーク上の場所を特定するしくみ 062

13 Webのしくみ
〜Webサイトをとりまく技術 066

3章
AWSを使うためのツール

14 AWSの使い方とアカウント
〜AWSに用意された便利なツール 072

15 マネジメントコンソールとダッシュボード
〜シンプルで直感的な管理ツール 076

16 AWS IAMとアクセス権
〜アクセス権限を設定 080

17 Amazon CloudWatch
〜Amazon EC2のリソース状況を監視 084

18 AWS Billing and Cost Management
〜AWSのコスト管理 086

19 リージョンとアベイラビリティーゾーン
〜世界各国にあるデータセンター 090

4章
サーバーサービス「Amazon EC2」

20 Amazon EC2とは
〜すぐに実行環境が整う仮想サーバー 094

21 EC2を使用する流れ
〜仮想サーバーを使うまで 098

22 インスタンスの作成と料金
〜仮想サーバーの作成例 102

005

23 Amazonマシンイメージ（AMI）
〜OSやソフトウェアがインストールされたディスクイメージ　106

24 インスタンスタイプ
〜用途にあわせてマシンを選択　110

25 Amazon EBS
〜Amazon EC2のストレージボリューム　112

26 SSHを使ったアクセスとキーペア
〜公開鍵暗号方式を利用したアクセス管理　114

27 Elastic IPアドレス
〜固定グローバルIPアドレスを付与　116

28 Elastic Load Balancing
〜トラフィックを振り分ける分散装置　118

29 スナップショット
〜サーバーのデータをバックアップ　122

30 Auto Scaling
〜需要に合わせてEC2の台数を増減　124

5章
ストレージサービス「Amazon S3」

31 Amazon S3とは
〜高機能で使いやすいストレージサービス　128

32 ストレージクラス
〜多様なストレージの種類　132

33 S3を使用する流れ
〜ストレージサービスを使うまで　136

34 オブジェクトとバケット
〜ファイルとファイルの格納場所　140

35 バケットポリシーとユーザーポリシー
〜アクセス制限の設定　142

36 Webサイトホスティング
〜Webサイトの公開　144

006

目次　Contents

37 ファイルのアップロードとダウンロード
〜さまざまなファイルアップロード方法 148

38 アクセス管理と改ざん防止
〜不審なアクセスを監視 152

39 バージョニング・ライフサイクル・レプリケーション
〜保存されたオブジェクトの管理 156

40 データ分析との連携
〜保存したデータの分析 160

41 Amazon CloudFront
〜コンテンツ配信サービス 164

6章

仮想ネットワークサービス「Amazon VPC」

42 Amazon VPCとは
〜AWS上に作成する仮想ネットワーク 168

43 VPCを使うまでの流れ
〜仮想ネットワークを使うまで 172

44 デフォルトVPC
〜あらかじめ用意されたVPC 174

45 サブネットとDHCP
〜使用するレンジの選択 176

46 ルーティングとNAT
〜グローバルIPアドレスとプライベートIPアドレスを変換 180

47 インターネットゲートウェイとNATゲートウェイ
〜VPCからインターネットに接続 185

48 セキュリティグループとネットワークACL
〜セキュリティの設定 187

49 VPCエンドポイント
〜ほかのAWSサービスやエンドポイントサービスと接続 191

50 VPCの接続
〜VPC同士の接続とVPCとVPNの接続 194

007

7章
データベースサービス「Amazon RDS」

51 データベースとRDB
〜データを管理するシステム 200

52 Amazon RDSとは
〜主要RDBMSが使えるデータベースサービス 204

53 RDSで使えるDBMS
〜選べるデータベースエンジン 209

54 RDSを使用する流れ
〜データベースを使うまで 212

55 キーバリュー型のデータベース
〜キーで管理するデータベースサービス 218

56 そのほかのデータベース
〜各種用意されたデータベースサービス 221

8章
そのほかの知っておきたい
AWSのサービス

57 Amazon Route 53
〜AWSのDNSサービス 226

58 AWS Lambda
〜サーバーレスでイベントを自動実行 229

59 AWSのコンテナサービス
〜アプリケーション単位で実行できる仮想環境 232

索引 236

1章

Amazon Web Services の基礎知識

Amazon Web Services (AWS) とは、コンピューティングやストレージ、データベースなどを提供する、「クラウドコンピューティングサービス」です。本章では、AWSの特徴としくみについて解説しながら、そのメリットを探っていきます。

Chapter 1　Amazon Web Servicesの基礎知識

01 Amazon Web Services とは
～ Amazonが提供するクラウドサービス

最近そこかしこで耳にするようになったAmazon Web Services（以下、AWS）。なにやら便利でよいものらしいことはわかっても、具体的にどのようなものなのかは見えづらいかもしれません。まずは、AWSの概要と特徴、メリットについて解説します。

● Amazon Web Services とは

Amazon Web Services（AWS）は、**クラウドコンピューティングサービス**の1つです。インターネット通販で有名なAmazon.comが、自社のノウハウを活かして提供しています。

　クラウドコンピューティングサービスとは、かんたんにいえば、**サーバーやネットワークなどをインターネット経由で貸してくれるサービス**です。**いつでもどこでも始めることができます**。ちょっと詳しい方ならAmazon EC2やAmazon S3という言葉を聞いたことがあるのではないでしょうか。それらは、

● AWSはクラウドコンピューティングサービスの1つ

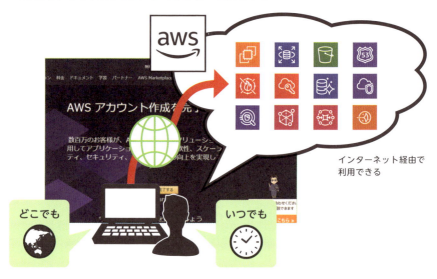

AWSで提供されているサービスの名前です。

AWSでは、コンピューティング、ストレージ、データベース、分析、ネットワーキング、モバイル、開発者用ツール、管理ツール、IoT、セキュリティ、機械学習、エンタープライズアプリケーションなど、多岐にわたるサービスが用意されています。**AWSのさまざまなサービスを組み合わせれば、あらゆるアプリケーションのためのインフラを実現することができます。**

○ システム運用に必要なサービス一式を借りられる

AWSが貸してくれるものは、Webサイトや業務システムを運用するのに必要な機能すべてといっても過言ではありません。コンテンツ以外のおおよそほとんどの機能やサービスが借りられます。

レンタルサーバーのように、「サーバーを貸してくれる」サービスは、昔から存在しますが、AWSが特徴的なのは、**バラバラの事業者からそれぞれ借りなければならなかったインフラを、一括で借りられることです。また、OSやWebサーバー、データベースサーバー（DBサーバー）などに必要なソフトウェアまで丸ごと手配できます。**詳しくは、P.016を参照してください。

●システム運用に必要なサービス一式をAWSで借りられる

011

○ 自由度が高くサービスを組み合わせやすい

AWSは定食のように組み合わせが固定のものを選ぶのではなく、バイキング料理のように自分で組み合わせるものです。サービス間の連携もでき、自由度の高いサービスです。

● サービスを組み合わせやすいAWS

組み合わせやすい

そのため、AWSだけを使うのではなく、AWSとAWS外のシステムやネットワークを連携する事例も増えています。サーバーの一部だけをAWSで調達したり、社内LANとAWSとをつなぐこともできます。詳しくは、P.032を参照してください。

○ 運用の負担が軽減できる

AWSには「マネージドサービス」と呼ばれる種類のサービスがあります。この種類のサービスは、AWSが管理するタイプなので、ソフトウェアのアップデートやバックアップ、故障の際の交換、さらにはスケール（規模のこと）の増減を自動で行うようにすることまで設定できます。

うまく利用すれば、運用の負担が大きく減らせます。詳しくは、P.028を参照してください。

◉ 従量制なので使う分だけを借りられる

　AWSの料金は**従量制**です。**使った分だけ払うのが基本です**。そのため、将来のことは考えず、とりあえず今必要な分から始められますし、足りなくなったらその都度追加が可能です。**自分が必要だと思う分だけを借りられる**のです。詳しくは、P.024を参照してください。

●使う分だけを借りられる

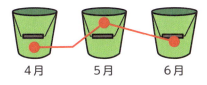

◉ サーバーの専門家でなくても使える

　AWSには、**あまりサーバー技術に詳しくないエンジニアでも操作できる、さまざまなしくみが備わっています**。そのため、ある程度の規模であれば、ネットワークやサーバーの専門家でなくても使えます。また、パソコンのWebブラウザでアクセスして操作するため、データセンターに入室することなく、インターネット環境があれば、いつでもどこでも操作できます。詳しくは、P.040を参照してください。

●サーバーの専門家でなくても使えるAWS

013

🟢 日本語と日本円の支払いに対応している

　AWSのほとんどのサービスは、**日本語に対応**しています。料金も、単価はUSドルで表示されますが、日本円で支払います。

　また、東京と大阪に、日本担当チームが導入にあたっての相談窓口を設けているので、概算見積もりやシステム導入に関する相談などを行えます。

　AWS導入を支援するAPNパートナー企業もあります。そこに相談してみるのもよいでしょう。AWSから公式認定されている最上位のプレミアコンサルティングパートナーは、日本国内では11社（クラスメソッド社、TIS社、アイレット社など）存在します（2021年11月現在）。

● AWSは日本語と日本円に対応

🟢 セキュリティの基準

　各国およびグローバルのコンプライアンス認証および証明がなされており、法律・規制・プライバシー基準に準拠しています。日本の基準としては、FISC（公益財団法人　金融情報システムセンター）、FinTech、医療情報ガイドライン、政府機関等の情報セキュリティ対策のための統一基準群に準拠しています。

● AWSは国内外のセキュリティ統一基準群に準拠

https://aws.amazon.com/jp/compliance/fintech/

https://aws.amazon.com/jp/compliance/csa/

● グローバル展開しやすく、冗長化しやすい

　AWSでは、サーバーなどを置いて運用するデータセンターを、世界の26のリージョン（地域）にある84のアベイラビリティーゾーン（施設）で運用しています。そのため、グローバル展開した場合でも、サイト閲覧者やシステム使用者に、地理的に近い場所のリージョンでサービスを開始できます。

　データセンターが複数あることは、冗長化（備えがあること）しやすいことでもあります。日本には、**東京リージョン**と**大阪リージョン**があり、いざという時のために備えやすくなっています。なお、国内に2つ以上のリージョンが用意されているのは、世界的にも希なことです。詳しくは、P.090を参照してください。

● データセンターがさまざまな国にあるAWS

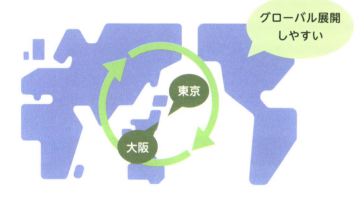

まとめ

- AWSではシステム運用に必要なサービス一式を借りられる
- AWSには数多くのサービスがあり組み合わせて利用できる
- 料金は従量制なので使う分だけを借りられる
- AWSには技術に詳しくない人でも使えるしくみが備わっており専門家でなくても使える

Chapter 1　Amazon Web Servicesの基礎知識

02 AWSのサービス
～240種類以上のサービスを提供

AWSのサービスは240種類以上もあり、カバーする領域も多岐にわたります。代表的なサービスであるAmazon EC2やAmazon S3だけでなく、データベースサーバーやネットワーク、機械学習やロボット開発に関わるサービスも提供されています。

● 240種類以上のサービスを提供

　AWSでは、実に240種類以上のサービスが提供されています。これは、おおよそITに関わるインフラのほとんどが提供されているということです。サーバーやネットワークをはじめ、それに必要なソフトウェアや、セキュリティのためのしくみ、開発ツール、アカウント管理のためのしくみなど、ありとあらゆるサービスが借りられます。Amazon.comが、アマゾン川のごとく多種多様な商品を流通させるのと同じように、AWSも、ITに関わるインフラを幅広く提供しているのです。

● 240種類以上のサービスを提供しているAWS

※ AWS公式Webサイト（https://aws.amazon.com/jp/products/）より引用。

目的別にさまざまなサービスを提供

AWSでは、サーバーの構成に必要な一式などを自分で選び、組み合わせて借りられます。

また、一般的なサービスのほかに、分析システムや仮想デスクトップ、監視ツール、ロボット開発に必要なツール、機械学習や人工知能、ブロックチェーン、人工衛星に関わる技術など、最先端の技術も借りることができます。

● 目的別にさまざまなサービスを提供している

Webサーバーを作りたい
サーバー（EC2）
サーバーOS（AMI）
IPアドレス（Elastic IP）
ストレージ（S3）
ドメイン（Route 53）
DBサーバー（RDS）

モバイルシステムを作りたい
アプリケーションサーバー（EC2）
DBサーバー（RDS）
通知システム（SNS）
ストレージ（S3）
IPアドレス（Elastic IP）
認証サーバー（Cognito）

コンテンツを配信したい
サーバー（EC2）
キャッシュサーバー（CloudFront）
IPアドレス（Elastic IP）
ドメイン（Route 53）

IoTを作りたい
APIサーバー（IoT Core）
DBサーバー（DynamoDB／RDS）
分析ツール（OpenSearch Service）

機械学習をしたい
機械学習モデル（Machine Learning、SageMaker）
画像動画認識（Rekognition）
音声認識（Transcribe、Lex）

ロボットを作りたい
ロボットフレームワーク（RoboMaker）

AWSで提供されているサービス

　AWSは多種多様なサービスがあるため、自分の借りたいものが、どのようなサービスであるか、わかりづらいかもしれません。ただ、凝ったことをしなければ、スタンダードなサービスで対応できるはずです。

　こうしたサービスやツールを自前で揃える場合、ちょっと使いたいだけでも、すべてを調達せねばなりません。また、用が済んだあとでも、かかった費用が高額であったり、ほかにも転用できそうであったりすると、処分もしづらいです。

　その点AWSは、日常的に使用する機能のほかに、「ちょっとだけ試してみたい」場合にも便利です。また、クラウドコンピューティングといえば、Webサイトなどの構築イメージが強いですが、最近では、社内の業務システムをAWSで構築する例も増えています。

　AWSの中でも、とくに代表的なサービスをいくつか挙げておくので、自社のシステムに取り入れるのならば、どのサービスが使えるのか、考えてみるとよいでしょう。

Amazon EC2

Amazon Elastic Compute Cloud (Amazon EC2) は、コンピューティングキャパシティを提供するサービスです。
一言でいうと、サーバー、OS、ソフトウェアなどを一式レンタルできます。さまざまなスペックのものが用意されており、自分で自由にソフトウェアを入れて、システム構築できますし、すでに設定済みのサーバーを借りることもできます。
性能は可変で、一時停止中はいつでも性能を上げ下げできます。

Amazon S3

Amazon Simple Storage Service (Amazon S3) は、オブジェクトストレージサービスです。Webサーバーやファイルサーバー用のファイルの保管場所（ストレージ）として利用できます。
S3は、堅牢かつ多機能で、障害やエラーに強い一方、強力な管理機能や、他サービスとの連携機能を備えています。
ファイルサイズは最大5TB。全容量の制限はありません。

Amazon VPC

Amazon VPCは、AWSアカウント専用の仮想ネットワークです。ネットワークやサブネットの範囲、ルートテーブルやネットワークゲートウェイの設定などをして、仮想ネットワーキング環境を構成します。

 Amazon RDS

Amazon RDSは、リレーショナルデータベースで定番ともいうべき6種類の製品（Amazon Aurora、PostgreSQL、MySQL、MariaDB、Oracle Database、SQL Server）を、クラウド上で利用できるサービスです。

 Amazon Route 53

Amazon Route 53はDNS（ドメインネームサービス）です。www.example.jpのようなドメイン名でのアクセスに必須であるDNS機能を提供します。

 Elastic IPアドレス

Elastic IPアドレスは、サーバーに必須の静的なグローバルIPアドレスを提供します。
EC2やELBと組み合わせて使います。

 Amazon Managed Blockchain

Amazon Managed Blockchainは、ブロックチェーンネットワークを作成・管理できるツールです。
データの偽装や改ざんをチェックする基盤として利用できます。

 Amazon SageMaker

Amazon SageMakerは、機械学習モデルの構築、トレーニング、デプロイを行えます。機械学習でよく使われるJupyter Notebookをクラウドとして提供します。

 AWS Cloud9

AWS Cloud9は、Webブラウザで操作できる統合開発ツールです。
各種言語に対応しており、パソコンに開発ツールをインストールせずにシステム開発できます。

 Amazon GameLift

Amazon GameLiftは、ゲームホスティングサービスです。
マルチプレーヤー対戦などのリアルタイムデータ通信を、低レイテンシで実現します。

● そのほかの代表的なサービス

　前のページで紹介したサービスのほかに、実に240種類以上のサービスが提供されているため、すべてを紹介することはできません。下記に代表的なサービスを紹介しますので、参考にしてください。

● 目的別のAWSのサービス

サーバー関連	
Amazon EC2	仮想サーバー
Amazon Elastic Container Service	Dockerコンテナの実行および管理
Amazon Lightsail	仮想サーバーとネットワーク一式の起動と管理
AWS Batch	バッチジョブの実行
Amazon VPC	ネットワーク環境
Amazon API Gateway	Web APIを構築するサービス
Amazon CloudFront	コンテンツキャッシュサービス（CDN）
Amazon Route 53	DNSサービス
Amazon Direct Connect	AWSネットワークに専用線で接続
AWS Transit Gateway	VPC同士などを接続
Elastic Load Balancing（ELB）	負荷分散装置
Amazon Simple Email Service（SES）	メールサービス
Amazon GameLift	ゲームホスティングサービス
AWS Amplify	モバイルアプリとWebアプリの構築とデプロイ

メディア	
Amazon Elastic Transcoder	メディア変換サービス
AWS Elemental MediaLive	ライブビデオコンテンツの変換
AWS Elemental MediaPackage	動画の配信パッケージ

ストレージ

Amazon Simple Storage Service (S3)	汎用的なクラウドストレージ
AWS Transfer family	安全なFTPサービス
Amazon Elastic Block Store (EBS)	EC2で用いるストレージ
Amazon FSx for Windows ファイルサーバー	Windowsファイルシステムのサービス
Amazon S3 Glacier	S3の長期保存サービス
AWS Backup	バックアップサービス

データベース

Amazon Aurora	Amazonによってカスタマイズされた高性能なRDS
Amazon DynamoDB	NoSQLデータベース
Amazon DocumentDB	MongoDB互換のドキュメントデータベース
Amazon ElastiCache	インメモリキャッシュシステム
Amazon RDS	リレーショナルデータベース

セキュリティ

AWS Identity and Access Management (IAM)	ユーザー機能
Amazon Cognito	アプリケーション認証機能を提供するサービス
Amazon GuardDuty	脅威を検出
AWS Certificate Manager	証明書を生成
AWS Firewall Manager	ファイアウォールの一元管理
AWS WAF	Webのファイアウォール機能

データの集計・分析

Amazon Athena	S3に保存したデータの集計サービス
Amazon Redshift	大量データの集計サービス
Amazon Kinesis	リアルタイムのビデオやデータストリームを分析
Amazon OpenSearch Service	ログやモニタリング、セキュリティなど、データ分析サービス

アプリケーション連携

AWS Step Functions	順次プログラムを実行するしくみ
Amazon Simple Queue Service (SQS)	アプリケーション同士を連携するキューイングサービス
Amazon Simple Notification Service (SNS)	アプリケーション同士で通知メッセージを送信するサービス

機械学習

Amazon SageMaker	機械学習モデルの構築、トレーニング、デプロイ
Amazon Lex	音声やテキストに対応するチャットボットの構築
Amazon Polly	テキストを話し声に変換
Amazon Textract	ドキュメントからテキストやデータを抽出
Amazon Translate	言語翻訳
Amazon Transcribe	自動音声認識

IoT

AWS IoT Core	IoTデバイスをクラウドに接続するための基本サービス
Amazon FreeRTOS	マイコン向けリアルタイムOS
AWS IoTボタン	クラウドでプログラミングできるダッシュボタン
AWS IoT Things Graph	デバイスとWebサービスを相互接続するサービス

クライアント向けサービス	
Amazon WorkSpaces	仮想デスクトップ環境
Amazon AppStream 2.0	デスクトップアプリケーションをWebブラウザにストリーミング
Amazon WorkLink	社内のWebサイトへのモバイルアクセスを可能に

開発ツール	
AWS Cloud9	Webブラウザで操作できる統合開発ツール
AWS CodeBuild	プログラムのビルドやテストツール
AWS CodeCommit	プライベートなGitサービス
AWS CodeDeploy	開発したプログラムを配備するツール
AWS CodePipeline	開発したツールをビルドして配備するまでを自動化するツール
AWS CodeStar	ビルドから配備までを一式提供するツール
AWS コマンドラインインターフェイス	コマンドでAWSを操作するツール

コスト管理	
AWS Cost Explorer	コストと使用状況を分析
AWS Budgets	予算を設定して超えそうになったときに通知

まとめ

- AWSには240種類以上のサービスがある
- AWSでは目的別にさまざまなサービスを提供している

Chapter 1　Amazon Web Servicesの基礎知識

03 AWSのコスト
～初期コストが安く済むが ランニングコストがやや高い

気になるAWSのコストはどのようになっているのでしょうか。多くのサービスが従量制の形を取っており、計算方法はやや複雑です。そのため、コストを計算するツールや、コストを管理するサービスも提供されています。

● 使った分だけ支払う従量制

　AWSは、サービスによって料金体系が異なります。ただし、ほとんどのサービスで共通しているのは、**従量制**（じゅうりょうせい）を導入しており、**「使うサービス1つあたりの金額＋使った分」の課金形態**が多いということです。

　そのため、「将来増えるから、それに備えて多めに借りておこう」「イベント時にアクセスが増えるから、それを見越して借りておこう」といった**「将来必要だけれど、現在必要のない分」を借りる必要はありません。必要最低限で始めて、必要になったら増やせばよいのです。**

　つまり、ムダな分を借りる必要がないので、コストダウンにつながります。また、あとから増やすこともできるので、「将来どのくらい必要になるか」を見積もる作業からも解放されます。

　ただ所属する組織によっては、従量制の予算が取りづらいかもしれません。その場合は、ある程度の試算をして通すケースが多いようです。

●ほとんどのサービスは従量制

使う分だけ借りる　　　料金は使った分だけ払う

● 代表的な料金体系

　本書の各サービスを解説するページでは、料金の計算方法もあわせて紹介しています。従量制であるため、項目ごとに算出した金額を合算することがほとんどです。

● 代表的なサービスごとの料金体系例

サービス	料金体系
Amazon EC2	①インスタンス使用量（稼働している時間×単価） + ②EBSの料金（容量×単価） + ③通信料 + ④その他オプション
Amazon S3	①保存容量 + ②転送量
Amazon RDS	①ストレージ料金 + ②DBインスタンスの料金 + ③バックアップストレージの料金 + ④通信量
Amazon CloudWatch	①メトリクス（単価×件数） + ②API（単価×リクエストされたメトリクス数） + ③ダッシュボード（単価×個数） + ④アラーム + ⑤ログ（単価×データ処理量） + ⑥イベント（単価×件数）
Amazon EBS	①容量 ×②単価
Elastic IP	①追加アドレス1件ごとに単価×時間 + ②実行中のインスタンスと関連づけられていないアドレス1件ごとに単価×時間 + ③1カ月間で100リマップを超過件数×単価
DynamoDB	①単価×100万単位 + ②RCUおよびWCU単位 + （データストレージやバックアップ、データ送信がそれぞれ単価×GB）

※インスタンスとは、1台、2台のように台数単位のこと。

● AWSの料金算出方法

　AWSの料金は、サービスによって計算方法が異なりますが、代表的なサービスであるAmazon EC2で計算してみましょう。

　Amazon EC2の料金算出方法は、「①インスタンス使用量（稼働している時間×単価） + ②EBSの料金（容量×単価）+ ③通信料 + ④その他オプション」です。「t3.micro（2vCPU、1GiBメモリ）」インスタンス（開発用途や小規模な本番サーバーに十分なスペックです）を選択し、「30GB SSD」のストレージ、ネットワークは150GB/月程度（一般的なWebサーバーでは十分な容量です）、オプションは「なし」と想定します。

025

● EC2の料金算出方法

①インスタンス使用量（稼働している時間×単価） + ② EBSの料金（容量×単価） + ③ 通信料

（単価0.0136USドル）　　　　　　　　　　　　（単価0.12USドル）　　（単価0.114USドル）

0.0136USドル／時間 × 24時間 × 30日
＝ 9.792USドル ≒ 1028円

0.12USドル／1GB × 30GB
＝ 3.6USドル ≒ 378円

0.114USドル／1GB × 150GB
＝ 17.1USドル ≒ 1796円

　上記の図を参照すると、合計3202円程度であるとわかります。項目が細かいので最初は慣れないかもしれませんが、料金を試算するツール（https://calculator.aws）もあるので、うまく利用しましょう。

　なお、単価は、USドルで表されていますが、**実際の支払いは、クレジットカードにて日本円**で行えます。

● AWS料金のメリット・デメリット

　「従量制で使った分だけ払えばよい」と聞くと、大変安く上がるように感じるかもしれませんが、そうとも限りません。イニシャルコスト（最初の費用）がかからない代わりに、ランニングコスト（運用のコスト）がかかるため、場合によっては、定額制のレンタルや、自社で用意したほうが安い場合もあります。また、いくら従量制とはいえ、最低料金が存在する料金体系もありますし、借りたサービス1つあたりで料金がかかる体系もあります。

　イベントやキャンペーンのように、突発的にアクセス数が増えるようなWebサイトの場合は、AWSの柔軟性が大きなメリットになりますが、あまり変動のないシステムでは、そこまでのメリットがないかもしれません。こうした変化に乏しいケースの場合、注目すべきは、従量制よりも人件費の削減でしょう。

　AWSは、サービスによっては運用を任せることができるため、管理の負担が減ります。また、技術的知識が浅くても使用できるサービスが多いため、手軽です。社内で、専門的な技術者を育て、雇い続けることを考えれば、トータルでは安くなります。とくに、サーバーやネットワーク担当者を外注する会社や、あまり出番のない会社であれば、なおさらでしょう。

● AWS料金のメリット

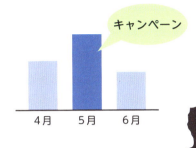

 無料枠と AWS Billing and Cost Management

　AWSには、手軽に始められるように無料枠が設けられています（https://aws.amazon.com/jp/free/）。たとえば、小規模なEC2インスタンス（仮想サーバー）1台とRDSインスタンス（データベース）1台、5GBのS3（ストレージ）などを、12カ月間無料で使えるので、さまざまなシステムを実際に作って試せます。

　また請求ダッシュボードでは、かかっている総額やサービスごとに料金が占めるパーセンテージなどを確認し、このままいくと、月末にはいくらになりそうなのかを予想できます。さらに予算を設定しておくと、超えたときにメールなどで通知を受けとれる機能もあります。

 まとめ

- AWSの料金は使った分だけ支払う従量制
- 場合によっては自社で用意したほうが安いケースもある
- 突発的にアクセス数が増えるケースではメリットが大きい

Chapter 1　Amazon Web Servicesの基礎知識

04 AWSの利用のしくみ
～誰でもかんたんにサービスを利用できる

AWSには、マネジメントコンソールと、マネージドサービスという、誰でもかんたんにサービスを利用できるしくみが用意されています。また、セキュリティ的に安心できるしくみも備わっています。

◯ サービスを利用しやすいしくみ

　AWSの特徴といえば、料金体系ばかりが大きく注目されますが、実は、**運用の負担を減らせる**点も、大きなメリットです。AWSは、サーバーの専門家でなくとも操作しやすいしくみがいくつも備わっています。その代表的なしくみが、**マネジメントコンソール**と、**マネージドサービス**でしょう。サーバーやネットワークの管理はコマンドでの操作を必要としたり、きちんとした管理が求められますが、これら2つのしくみにより手軽に扱えるようになっています。

●マネジメントコンソールとマネージドサービス

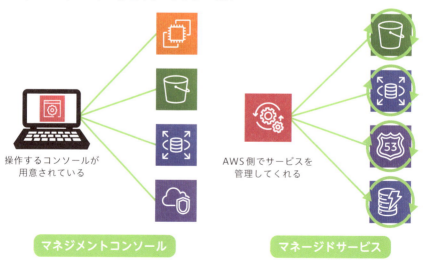

◎ マネジメントコンソール

　マネジメントコンソールは、Webブラウザ上のGUI（グラフィカルユーザーインターフェイス）でAWSを操作できる画面です。サービスごとに固有の画面（ダッシュボード）が用意されており、サービスの設定、操作するリージョンの選択、AWSアカウントの管理、必要なサービスやリソースグループの検索と使用、AWSの資料を見るなど、さまざまな管理が行えます。

● マネジメントコンソール

マネジメントコンソール

- ユーザーやグループの作成
- 権限やセキュリティの設定
- 各種サービスの構成を変更
- サーバーやデータベースなどの起動／終了
- バックアップ

◎ マネージドサービスとクラウドネイティブ

　マネージドサービスは、**AWS側で管理されるサービス**の総称です。仮想サーバーのAmazon EC2（P.094参照）はマネージドサービスではありませんが、ストレージのAmazon S3（P.128参照）、DBサーバーのAmazon RDS（P.204参照）などは代表的なマネージドサービスです。マネージドサービスでは、バックアップやアップデートが自動で行われます。**管理者が手動で行う必要はなくなるた**

め、**管理の手間が削減されます。**

　とくに、Amazon S3の場合は、管理者が設定せずとも、ストレージの容量が自動的に増えていくのは大変便利です。その代わり、アップデートしたくないのにソフトウェアがアップデートされてしまったり、想定以上にストレージ容量が増えて料金がかさんでしまったりすることもあるので、完全にお任せというわけにはいきません。それでも作業をしなくてよいのは、大きく負担が減ります。

　最近では、「いかにマネージドサービスをうまく使うか」がクラウドを利用するうえでの重要なポイントになっています。そのため、マネージドサービスを生かせるようにクラウドネイティブと呼ばれるクラウドを前提とした設計に関心が集まっています。

●マネージドサービス

マネージドサービス

・自動バックアップ
・自動アップデート
・モニタリング
・パッチ管理
・セキュリティ
・故障に備えた冗長化（同じシステムを複数用意しておき、障害時などにサービスが停止するのを防ぐこと）

○ セキュリティ的に安心できるしくみ

　「クラウドは、なんとなくセキュリティ的に不安」と思われる方もいらっしゃるでしょう。オンプレミス（自社でサーバーなどのインフラを維持・管理して運用すること）と、レンタルやクラウドを比較した場合、セキュリティ的にどちらが優れているのかは難しい問題です。なぜなら、オンプレミスの場合は、「自社の基準」であるからです。

　サーバーを安定して運用するには、サーバーをファイアウォール（不正な通信を遮断するしくみ）で守ったり、OSやソフトウェアのアップデートをして脆弱性

（セキュリティ的に問題となる潜在的なプログラムの不具合）をふさいだりするなど、日々のセキュリティ対策が欠かせません。意識の高い管理者が運用している場合はよいのですが、ノウハウがない人が運用すると作業漏れが発生したり、長い間アップデートをせずに放置したりと、危険な状態になります。

一方、AWSのマネージドサービスでは、ソフトウェアのアップデートなどの運用作業は自動で行われるため、常にセキュアな状態で運用できます。また、各種基準を満たすように運用されているので、「一定の水準」が期待できます。自社にきちんと管理できる専門家がいないのであれば、AWSのほうが圧倒的にセキュリティ的に安全であるといえるでしょう。

● セキュリティ的に安全なAWS

ただし、オンプレミスであってもAWSであっても、サーバー構成やネットワークを設計するのはAWSを借りる利用者自身です。知識のない状態での運用は、いくらAWSでも安全とは言いがたくなってしまうので、セキュリティの知識はしっかりと持ちましょう。

まとめ

- マネジメントコンソールでAWSをWebブラウザ上で操作できる
- マネージドサービスで各サービスを自動で管理できるため、セキュリティ的にも安心できる

Chapter 1 Amazon Web Servicesの基礎知識

05 AWS の導入事例と構成例
～大手企業や政府機関での採用も多数

AWSは、どのような場面で導入されているのでしょうか。事例としてよく紹介されるのは、大きいプロジェクトが多いものの、AWSの強みはそれだけではありません。自社の導入としてどのような形が考えられるのか、見ていきましょう。

● 日本国内でも多くの企業に導入されている

クラウドサービスを提供している各社の中でも、AWSの人気は高く、日本でも世界でも大きなシェアを誇っています。AWS公式サイト（https://aws.amazon.com/jp/solutions/case-studies/）にも、複数の会社の導入事例が紹介されています。

AWSは多岐にわたるサービスを提供しているため、導入事例もさまざまです。代表的なサービスであるAmazon EC2やAmazon S3の導入事例もあれば、ビッグデータやロボットフレームワークを使っているケースもあります。また、個人やスタートアップ企業から、エンタープライズ企業まで幅広い顧客が導入しています。

AWSを導入するからといって、すべてをAWSにする必要はありません。ほかのレンタルサービスや、自前のインフラと組み合わせてもよいのです。どのような導入が向いているのか、よく検討するのが肝要です。

たとえば、キャッシュレス決済サービスを提供するPayPayは、小さなサービスを組み合わせるAWSの「マイクロサービスアーキテクチャ」を採用し、わずか3箇月でQRコード決済サービスをリリースしました。AWSが、決済サービスに不可欠なPCI DSSをはじめとする高いセキュリティ基準を満たしているのも重要な要素でしょう。また、任天堂はゲームサーバーの主要な機能をAWSに構築し、高負荷に耐えられるデータベースサービスのAmazon Auroraをはじめ、ユーザーが増えてもパフォーマンスが落ちない快適なゲーム環境を実現しています。

このように事例は増え続けています。

P.034 ～ P.039 によくある構成例を挙げておくので、参考になる事例を探してみるとよいでしょう。

032

● AWSは多くの企業にさまざまな用途で導入されている

Webサイト・
コンテンツ配信

Web・モバイル
アプリケーション

基幹・業務システム

分析

ビッグデータ活用

バックアップ・
災害対策

スタートアップ企業

政府・教育機関

エンタープライズ企業

金融・証券サービス

クラウド導入企業
増加中

AWS利用企業
増加中

AWSと
他のサービスを
組み合わせて
もよい

構成事例① 小規模なブログサイトの例

WordPressを利用した、小規模なブログサイトの例です。WebサーバーとDBサーバーで構成されており、Webサーバーには、WordPressがインストールされています。

● 小規模なブログサイトの例

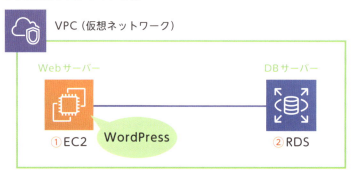

①EC2インスタンス（サーバー）×1
Webサーバーとして使用。WordPressのソフトウェアをインストールする

②RDSインスタンス（DBサーバー）×1
通常はマルチAZ（物理的に独立した、複数の拠点で運用すること）にして冗長構成をとる。WordPressに必要なDBサーバーとして使用

※ VPCはAmazon EC2およびAmazon RDSを利用するのに必要な仮想ネットワークです。

ここであげているのは、あくまで構成例です。サーバー構成やネットワーク構成は、サービスやシステム、状況によって異なります。安易に「本のマネをすればよい」ものではありません。自分で設計する力がないのであれば、もっとサーバーやネットワークに関する学習や経験が必要です。自信のないものを顧客に納品してはいけません。

構成事例② 中規模なECサイトの例

中規模なECサイトの例です。Webサーバーを2台構成で負荷分散し、商品登録サーバー、DBサーバー、画像・動画サーバーが別になっています。

● 中規模なECサイトの例

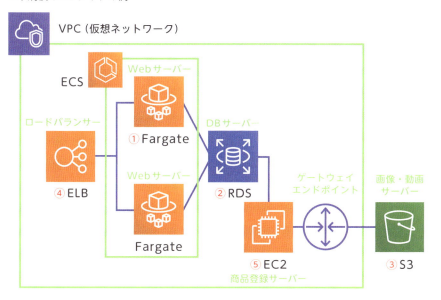

① Fargate×2
　Webサーバー2台として使用。Fargateにすることで拡張性を高め、運用しやすくできるがEC2でも可。サーバーレスのLambdaで作ることもある
② RDSインスタンス（DBサーバー）×1
　通常はマルチAZにして冗長構成をとる。DBサーバーとして使用
③ S3バケット（ストレージ）×1
　画像・動画サーバーとして使用
④ ELB（ロードバランサー）×1
　ロードバランサー（P.118参照）として使用
⑤ EC2インスタンス（サーバー）×1
　商品登録サーバーとして使用。①と同様のFargateで作ることもある

※ VPCはAmazon EC2およびAmazon RDS、Amazon ELBを利用するのに必要な仮想ネットワークです。Amazon S3はVPCの外に置くサービスです。

◉ 構成事例③　業務システムの例

　業務システムをAWSで構築した例です。業務システムサーバーおよび、認証サーバー、DBサーバー、ファイルサーバーで構成されています。

● 業務システムの例

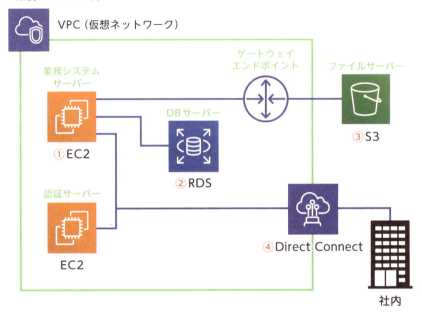

①EC2インスタンス（サーバー）×2
　　業務システムサーバーと認証サーバーとして使用
②RDSインスタンス（DBサーバー）×1
　　通常はマルチAZにして冗長構成をとる。DBサーバーとして使用
③S3バケット（ストレージ）×1
　　ファイルサーバーとして使用。接続には、ゲートウェイエンドポイントを使用
④Direct Connect × 1
　　社内からの接続回線として使用

※ VPCはAmazon EC2およびAmazon RDSを利用するのに必要な仮想ネットワークです。Amazon S3はVPCの外に置くサービスです。

構成事例④　集計システムの例

ECサイトなどの状況を集計するシステムの例です。Webサイトから収集したログや売り上げデータを保存し、集計・解析した結果を書き出します。

●集計システムの例

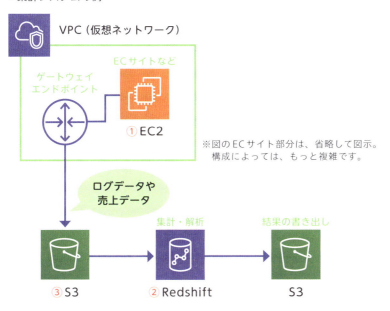

① EC2インスタンス（サーバー）×1
　ECサイトなど。サイトの構成によって異なる
② Redshift（データウェアハウス）×1
　集計・解析サーバーとして使用
③ S3バケット（ストレージ）×2
　ログの保存や結果の書き出し先として使用

※VPCはAmazon EC2を利用するのに必要な仮想ネットワークです。Amazon S3はVPCの外に置くサービスです。

● 構成事例⑤ ゲームサイトでオンプレミスとAWSを併用する例

　ゲームサイトで、オンプレミスで用意したサーバーと、AWSサービスを併用する例です。すべてをAWSで構成すると、システムの内容によっては高額になってしまいます。そこで、固定で考えられる部分はオンプレミスで用意し、イベントなどの変動率の高い部分をAWSで構成することで、弾力性を持たせています。

● オンプレミスとAWSを併用する例

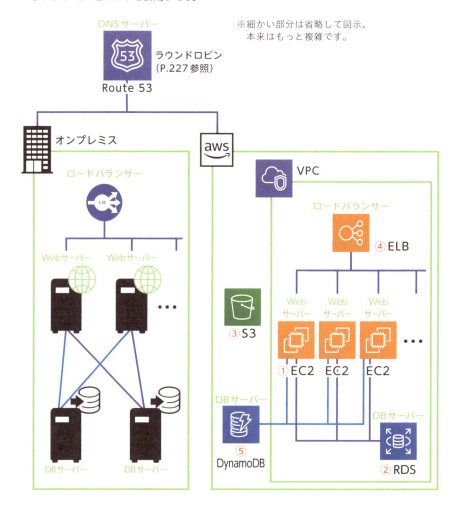

① EC2インスタンス（サーバー）×複数
Webサーバーや APIサーバーとして使用
② RDS（DBサーバー）×複数
RDSサーバーとして使用。レプリケーション（P.158参照）するため複数台であることが多い
③ S3バケット（ストレージ）×複数
画像やHTMLの静的Webサーバーとして使用。ログの保存などにも必要
④ ELB（ロードバランサー）×1
ロードバランサーとして使用。複数のこともある
⑤ DynamoDB（DBサーバー）×複数
キーバリューストア型DBとして使用

※ VPCは、EC2および、ELB、RDBを利用するのに必要な仮想ネットワークです。S3およびDynamoDBはVPCの外に置くサービスです。

このほかにも、開発サーバーを手軽に何台も作る、キャンペーンサイトやテレビのアンケートシステムのような一時的に高負荷がかかるサイトを作る、日本国内で大災害が起きても大丈夫なように海外にバックアップをとる構成にする、とても多くの計算能力を必要とする機械学習をするなど、さまざまな事例があります。

導入事例が多いことは、AWSのメリットの1つです。迷ったときの参考にするとよいでしょう。

まとめ

- AWSは日本国内でも多くの企業に導入されている
- AWSをどのように導入するのかよく検討するのが肝要である

Chapter 1 Amazon Web Servicesの基礎知識

06 AWSの導入方法
～アカウントを作成してサインインするだけ

AWSは、Webブラウザ経由でかんたんに契約できます。AWSアカウントを作成し、各種サービスに申し込むだけで完了です。ただし、AWSに関する知識がまったくない状態で利用するのはやや難しいかもしれません。本書で少しずつ学んでいきましょう。

◯ アカウントを作成してログインする

　AWSを利用するには、アカウントを作成してログインします。ログイン後にリージョン（地域）を選択し、サービスを選んで操作します。サービスは、ダッシュボードから操作できます。

● AWSの利用にはアカウントの作成が必要

　AWSを利用するためのアカウントのことを**AWSアカウント**といいます。メールアドレスとパスワード、連絡先や決済に用いるクレジットカードを登録することで、AWSアカウントを作れます。AWSアカウントは、買い物に利用するAmazonアカウントとは別のアカウントです。これらの操作は、すべてパソコン上のWebブラウザから、インターネット回線を介して行うため、インターネット環境のある場所であれば、いつでもどこでもアクセスし、操作できます。

● どのような知識が必要か

　AWSは、サーバーやネットワークの専門的知識が浅いエンジニアでも操作できます。しかし、操作できることは、やっていることとイコールではありません。**Webサイトや業務システムを構築・運用するには、相応の知識が必要です**。AWSがサポートしてくれているのは、あくまで実際の操作に関する技術的な部分であり、経営判断としてどこまでお金をかけるのか、どのような構成にしたいのかという設計部分ではないからです。AWSの相談窓口や、APNパートナーが相談には乗ってくれますが、**最終的に判断するのは、自社の責任者**です。**サーバーやネットワーク構成を決めるのも自社のエンジニアです**。顧客が関わるようなWebサイトや業務システムを構築・運用したい場合は、その意味がわかる人員が社内に必要ですし、あなたが構築担当者であれば、ネットワークやサーバー・セキュリティの知識は持っておくべきです。

● AWSを使うには基礎的な知識は必要

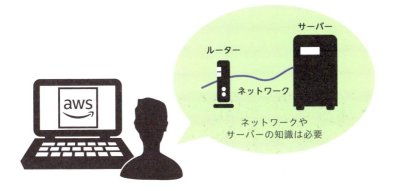

まとめ

- AWSを利用するにはAWSアカウントの作成が必要
- AWSは専門的な知識がなくても操作できるがネットワークやサーバーなどの基礎的な知識は必要

COLUMN 次々生まれる新サービスと AWS re:Invent

　AWSは大変動きの速いサービスです。次々と新サービスがリリースされますし、すでにあるサービスも、内容がどんどん変更されます。毎週のように何らかの機能が追加されているといっても過言ではありません。

　そのため、「今までできなかったことができるようになった」「今までよりもかんたんにできるようになった」というケースが頻繁にあります。AWSを利用しはじめた当初は、対応していなかったサービスであっても、数カ月後には、状況が変わっている場合もあります。「作ったからこれで終わり」ではなく、定期的に情報収集していくのが、AWSを使いこなすコツです。これは、AWSのメインサービスであるAmazon EC2やAmazon S3であっても同じです。新インスタンスクラスが続々追加されていますし、Amazon EC2に対してLightsailがリリースされ、Amazon S3の機能が大幅に増えるなど、常に変わり続けています。

　新サービスがリリースされる一方で、終了するサービスもあります。ただし、こちらは似た機能で、より便利な新サービスがリリースされている場合も多く、代替のサービスが探しやすい傾向にあるので、まずは、代わりのサービスが新しくリリースされていないか調べるとよいでしょう。

　なお、AWSの新しい動きは、「AWS re:Invent」で発表されます。「AWS re:Invent」とは、AWSの新サービスが発表されるイベントで、毎年11月末から12月頭ごろにアメリカで行われます。YouTubeなどで日本語字幕のついた映像が見られるので、日本にいながらにしても最新情報を得ることができます。

AWS re:Invent
http://reinvent.awsevents.com/

AWSを知るための
クラウド＆ネットワーク
のしくみ

AWSを理解するためには、コンピューティングやネットワークに関する基礎的な知識が欠かせません。AWSにおける適切なサービスを選択できるようになるためにも、基本的な知識を理解しておきましょう。

Chapter 2　AWSを知るためのクラウド＆ネットワークのしくみ

07 クラウドとオンプレミス
〜クラウドコンピューティングのしくみ

AWSはクラウドコンピューティングを提供するサービスです。では、クラウドとはそもそも何ものなのでしょうか。クラウドコンピューティングのしくみを学びつつ、オンプレミスとの違いについて考えていきましょう。

◎ クラウドとは

　「AWSは、クラウドだ！」といわれても、そもそもクラウドとは何ものなのか、よくわからない人も多いでしょう。クラウドとは、**いつどこでもインターネット回線を介してアクセスできる環境**のことを指します。クラウドサービスの代表格としては、Microsoft社のMicrosoft 365や、ファイルのストレージサービス、音楽の配信サービス、画像の保存サービスなどが挙げられます。

　これらのサービスを、使用者はスマートフォンやパソコンから、インターネット越しに使います。従来であれば、自分の端末にインストールしたソフトウェアや、保存したデータしか使用できませんでしたが、クラウド環境であれば、インターネット上に置かれたソフトウェアや画像・音楽などのリソースを使えたり、ローカル環境に保存するようにクラウド上に保存したりできるわけです。

　クラウド環境は、自分で作ることもできれば、借りることもできます。また事業者が提供しているサービスを利用する方法もあります。

●ローカルとクラウドの違い

● インフラをまるごと借りる「クラウドコンピューティング」

　クラウドの中でも、サーバーやネットワークなどのインフラ一式を貸してくれるサービスが、AWSやMicrosoft Azure、Google Cloudなどです。このように、クラウド上に用意されたインフラを利用するサービスや、利用することを**クラウドコンピューティング**といいます。単に「クラウド」というと、このクラウドコンピューティングを一般的に指します。

　クラウドコンピューティングでは、仮想化技術を用いて、いつでもどこでも好きなようにサーバーやインフラを作って運用できるしくみが構築されています。利用するときは、これらのサーバーやインフラをレンタルすることが主流です。レンタルなら、ハードウェアやネットワークなど、物理的な設備を自身で保有する必要がないからです。

 アーキテクチャのベストプラクティス
「AWS Well-Architected」

　AWSのよさを生かすには、クラウドの持ち味を生かした設計が大事です。AWSは、「優れた運用効率」「セキュリティ」「信頼性」「パフォーマンス効率」「コストの最適化」「持続可能性」を6つの柱とした「よい設計の考え方」を、「AWS Well-Architected」としてまとめています。どのサービスをどう組み合わせるのが適切なのかを理解するのに、とても参考になります。

・AWS Well-Architected
https://aws.amazon.com/jp/architecture/well-architected/

オンプレミスとレンタル

クラウドといえば、「オンプレミスからクラウドへ」といううたい文句もよく耳にします。**オンプレミス**(on-premises)とは、自社でサーバーなどを用意することをいいます。不思議に思うかもしれませんが、データセンターにサーバーを置いていても、それはオンプレミスです。なぜなら、所有権が自社にあるからです。レンタルサーバーとの違いが難しいですが、サーバーのみを借りているものは、レンタルサーバーと呼ぶことが多く、ネットワークや場所などを借りている場合は、オンプレミスと呼ぶ傾向にあります。

オンプレミスのメリットは、自社で自由に設計・運用できることです。ただし、その分だけ、頻繁なサーバー構成の変更に追われたり、スキルのある技術者も必要とします。

では、オンプレミスの対義語はクラウドなのでしょうか。対義語とされることも多いのですが、厳密には違います。オンプレミスの対義語は、オフプレミス（off-premises）という言い方をすることもありますが、一番近いのはレンタルやパブリックでしょう。自社で所有・運用するのではなく、レンタルしたり、公衆の場に用意されたりしたものを使用する形態です。

レンタルのメリットは、自社で管理する必要がないことでしょう。基本的には、提供する側がすべてのメンテナンスを行いますから、技術者を用意する必要もなければ、手間もかかりません。デメリットは、提供する側のルールに縛られることです。OSのアップデートや入れられるソフトウェア、構成に制限があることも多く、自由度は値段と比例します。

●オンプレミスとレンタル・パブリックは対となる関係

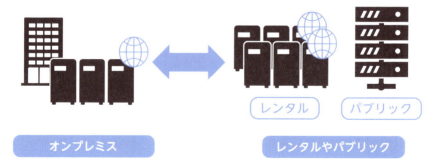

パブリッククラウドとプライベートクラウド

なぜこのようなまどろっこしい話をしているかというと、クラウドには、**パブリッククラウド**と、**プライベートクラウド**があるからです。パブリッククラウドとは、AWSのようなレンタルするクラウドです。一方、プライベートクラウドは、自社で構築するクラウドです。クラウドとは、あくまで、「インターネット経由で使用できるIT資産」に過ぎないので、必ずしもレンタルする必要はありません。自社でも構築できます。大きな開発会社などは、レンタルせずに、プライベートクラウドで運用しているところもあります。

つまり、「オンプレミスからクラウドへ」といった場合には、2つの軸で、変化があります。1つは自社運用からレンタルへ。もう1つは、非クラウド型から、クラウド型へということです。

現在の環境と、AWSを比較した場合、それぞれの特徴が見えてきますが、それがどちらの軸によるものなのか切り分けつつ、自社にあった形態を選択することが重要です。

●2つの軸における変化

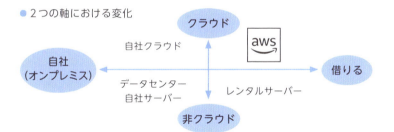

このようにオンプレミスとクラウドは、完全に対比する言葉ではありませんが、「自社で物理的にすべてを賄う」体制から、「クラウド環境をレンタルして使う」体制へと大きく動きつつあると、理解しておきましょう。

まとめ

- クラウドとはインターネットごしにアクセスできる環境のこと
- AWSはクラウドコンピューティングを提供するサービス
- オンプレミスとは自社でサーバーなどを用意すること

Chapter 2　AWSを知るためのクラウド&ネットワークのしくみ

08 仮想化と分散処理
～クラウドを支える2大技術

クラウドを支える大きな技術が、仮想化と分散処理です。これらは名前を聞いたことはあっても、具体的にどのようなものか知らない人も多いでしょう。これらの技術を知ることは、クラウドサービスを理解する大きな助けとなります。

● 仮想化とは

クラウドを支えるうえで重要な技術が、**仮想化**です。

仮想化というと、ホログラムのように、何か「実体のないもの」を作っているように思うかもしれません。しかし、クラウドコンピューティングにおける仮想化は、そのイメージとは違います。

コンピューターが何か仕事をするときは、物理的なメモリやハードディスク、OSなど、さまざまな部品が必要です。それらをソフトウェアで置き換えるのが仮想化技術です。

サーバーの例で考えてみましょう。仮想サーバーは、1つの物理サーバー上に、複数の子となるサーバーを仮想的に作成します。本来サーバーに必要な物理的な部品を仮想的に作成し、仮想サーバーとして作っているわけです。

ネットワークの場合も同様です。1つの物理的な配線を仮想的に分割したり、別のネットワークと統合したりして、その接続を瞬時に変えられます。

●仮想化のしくみ

1つの物理サーバーに複数の仮想サーバーを作る

物理サーバー　仮想サーバー

仮想化による複製

　仮想サーバーに割り当てるメモリやストレージは、自由に増減できます。そのため、あとで必要になったときに、容量を増やしたり減らしたりして、メモリやストレージの性能を調整できるのです。とはいえ、仮想サーバーの性能を上げるにも限界があります。

　性能を限界まで引き上げても、それ以上の負荷がかかったときには、サーバーの台数を増やさなければ対応できません。物理的なサーバーの場合、1台増やすにも、CPUやマザーボード、メモリ、ストレージなどが必要です。かんたんにいえば、サーバー（パソコン）をもう1台増やすということです。増やすときには必要な台数をその都度購入しなければいけませんし、減らすときには処分も必要です。

　こうしたときにも、仮想化は有効です。ソフトウェア的に実現しているため、サーバーの複製が容易で、台数の増減もしやすくなっています。

●仮想化はサーバーの複製を容易にする

台数を増やすには
サーバー（パソコン）自体が
何台も必要

1台の物理マシンに
何台も仮想マシンを作成できる

● 分散処理とロードバランサー

　クラウドを支える重要な技術としてもう1つ挙げられるのが、**分散処理**です。分散処理とは、複数の機器に分散させて処理する手法を指します。

　この技術がよく使われているのがWebサイトで、複数のサーバーに処理を分散させます。個人や一般的な会社のWebサイトでは、大きくアクセスが集中することは少ないですが、何かのキャンペーンをやっていたり、Amazon.comのような巨大なショッピングサイトの場合は、1台のサーバーではとてもさばききれないような数のアクセスがあります。

　こうしたときに、同じ機能や情報を持った複数のサーバーに処理を振り分けることで、1台あたりのサーバーの負担を減らし、サーバーが応答できなくなったり、ダウンしたりする事態を防ぐのです。

　複数のサーバーに対し処理を振り分けるのが、いわゆる**ロードバランサー(LB)** と呼ばれる装置です。ロードバランサーは、それぞれのサーバーを見て、負荷を分散させます。場合によっては、負荷が高くなりすぎてしまったサーバーを切り離すこともします。AWSではロードバランサーとして「ELB（Elastic Load Balancing）」が提供されています。

●ロードバランサー

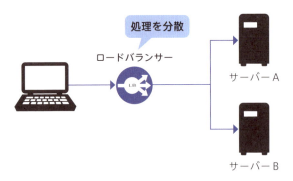

　クラウドの「いつでも好きなようにサーバーやインフラを構築できる」という特徴は、この仮想化と分散処理によって支えられているのです。AWSを利用するときにこうした概念を押さえておくと、より適切にサービスを選べます。

冗長化（じょうちょうか）

　冗長化とは、万が一にもシステムやサーバーに何かあった場合でも、稼働し続けられるように対策しておくことをいいます。バックアップを取っておいたり、複数台で運用したりするのが一般的です。

　仮想化や、分散処理のしくみは、こうした冗長化にも大きく役立ちます。複数のサーバーを用意することは、そのままバックアップになりますし、分散処理しておけば、1台のサーバーに何かあった場合でも、他のサーバーによって機能を維持できるのです。

● サーバーの冗長化

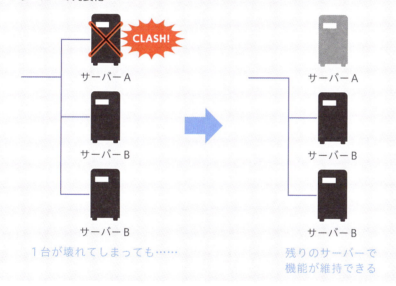

1台が壊れてしまっても……　　　残りのサーバーで機能が維持できる

 まとめ

- 仮想化と分散処理はクラウドを支える大きな技術
- 仮想化はソフトウェア的に実現する技術
- 分散処理は複数のサーバーに処理を分散させる技術
- 仮想化や分散処理は冗長化にもつながる

Chapter 2　AWSを知るためのクラウド&ネットワークのしくみ

09 SaaS、PaaS、IaaS
～クラウドのサービス提供形式

クラウドサービスは、サービスとしてどこまでを提供するかによって、SaaS、PaaS、IaaSの3つに区別されます。提供度合いによって、かんたんさと自由度はシーソーの関係になるので、どのような形態が望ましいか考えてみましょう。

● SaaS、PaaS、IaaS

　クラウドを語るときによく使用される用語が**SaaS（サース）**、**PaaS（パース）**、**IaaS（イアース）**です。これらは、「どこまで提供するクラウドサービスなのか」という分類です。

　もっともなじみが深いのはSaaSでしょう。これはインフラやプラットフォーム（OS）だけでなく、アプリケーションまでを提供します。具体的にはSNSや、ブログサービス、WebメールサービスなどがGoogle のGoogle Workspaceやファイルストレージサービスの Dropbox も SaaS にあたります。

● SaaS・PaaS・IaaSの違い

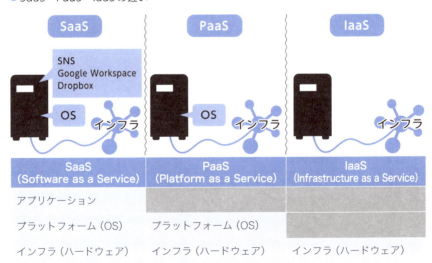

PaaSはプラットフォームまでを提供します。OSの入った状態のサーバーに、利用者がアプリケーションなどをインストールして使用します。いわゆるレンタルサーバーなどがこれにあたります。

　IaaSはインフラのみ、すなわちネットワークやサーバーのマシンなどを提供します。

　こうしたSaaS、PaaS、IaaSを総称した言葉もあります。**EaaS**（Everything as a Service）です。XaaS（ザース）とも書きます。ネットワーク経由で通信からソフトウェアまでを提供するサービスのことです。まさにAWSは、EaaSといってよいでしょう。

● 3つのサービス形態の特徴

　3つのサービス形態には、それぞれ特徴があります。インフラやアプリケーションが提供されることは便利である反面、自由度は下がります。逆に、自由度が高いほど手間はかかります。こうした特徴をよく理解して選択しましょう。

● 3つのサービス形態の違い

SaaS	PaaS	IaaS
・便利である反面、自由度は低い ・すぐに使うことができるため、手間が少ない ・特別な知識は不要 ・端末以外に自前で用意するものはない	・好きなアプリケーションを入れられるが、対応してないアプリケーションもある ・サーバーを管理する知識が必要 ・場合によっては、アプリケーションを用意する必要がある	・使うにはセッティングが必要 ・サーバーを管理する知識が必要 ・場合によってはアプリケーションを用意する必要がある

便利 ←——————————→ 自由度が高い

まとめ

▶ **SaaS**は**アプリケーション**まで**提供する**

▶ **PaaS**は**プラットフォーム**まで**提供する**

▶ **IaaS**は**インフラ**のみ**提供する**

Chapter 2　AWSを知るためのクラウド&ネットワークのしくみ

10 サーバーとインスタンス
～ネットワーク上に作られた仮想サーバー

現在では、サーバーなしで構築されるシステムはないといっても過言ではないほど、サーバーは、システムの中核を担っています。サーバーの種類や特徴と、AWSでの提供形態について解説します。

● サーバーとは

　AWSの代表的なサービスといえば、Amazon EC2（Elastic Compute Cloud）でしょう。Amazon EC2はかんたんにいえばサーバーを借りられるサービスです。サーバーとは、「Server」の名のとおり、**何かサービス（Service）を提供するもの**を指します。身近な例でいえば、ビールを提供するのは「ビールサーバー」ですね。これと同じように、WebサーバーならWeb機能、メールサーバーならメール機能を提供することを意味します。提供するサービスの種類によって「○○サーバー」と呼ばれます。

　「○○サーバー」の機能は、ソフトウェアで提供されます。サーバー機能を搭載するコンピューター（物理的なサーバーマシン）では、普段使っているパソコンと同じようにOSが動いており、その上でソフトウェアが動きます。Webサーバー用ソフトを入れればWeb機能を持ちますし、メールサーバー用ソフトを入れればメール機能を持つというわけです。つまり、「○○サーバーを作ること」は、「○○用ソフトを入れて、その機能を持たせること」と同義だと考えてよいでしょう。

●何かサービスを提供するものをサーバーという

ビールを提供する
＝ビールサーバー　　　Web機能を提供する
　　　　　　　　　　＝Webサーバー　　　データベース機能を提供する
　　　　　　　　　　　　　　　　　　　＝データベースサーバー

● サーバーは同居できる

「○○サーバー」の機能が、1つのコンピューターを使うとは限りません。1つのマシンに、複数の「○○サーバー」を同居させることもできます。ソフトウェアで機能を持たせているのですから、複数のソフトウェアをインストールしてしまえばよいのです。

Webサーバーと、メールサーバーが同じコンピューターの中に入っているというケースもあります。これはWebサーバー兼メールサーバーとなります。

1つのコンピューターにいくつまで「○○サーバー」の機能が入れられるという制限はありませんが、あまりたくさん入れると、処理が追いつかなくなります。また、障害が発生したときに、すべての機能が止まってしまいます。そのため、実際の運用ではたくさんのソフトウェアを、1つのコンピューターに同居させることはあまりありません。

● 1つのコンピューターに複数のサーバーが同居することもある

サーバーはビルのテナントのようなもので、入れるソフトウェアによって機能が決まる

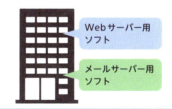
1つのコンピューターに複数のサーバー機能を持たせることもある

COLUMN 「機能としてのサーバー」とコンピューターは区別する

少しややこしいのですが、サーバーをインストールするコンピューター自体も「サーバー」と呼びます。「機能としてのサーバー」と、サーバー機能をインストールしている「物理的なコンピューターとしてのサーバー」は、区別して考えるようにしましょう。

● 代表的なサーバー

下表に代表的なサーバーを挙げました。ざっと目を通しておきましょう。

● 代表的なサーバーと特徴

サーバー	特徴
Web サーバー	Webサイトの機能を提供するサーバー。HTMLファイルや画像ファイル、プログラムなどを置いておく。クライアントのWebブラウザがアクセスしてくると、それらのファイルを提供する。代表的なソフトは、**Apache**、**Nginx**、IIS
メールサーバー	メールの送受信を担当する**SMTPサーバー**と、クライアントにメールを受信させる**POPサーバー**がある。これら2つを合わせてメールサーバーと呼ぶことが多い。メールをダウンロードしてから読むのではなく、サーバーに置いたまま読めるIMAP4サーバーもある。代表的なソフトは、Sendmail、Postfix、Dovecot
データベースサーバー	データを保存したり、検索したりするためのデータベースを置くサーバー。代表的なソフトは、**MySQL**、**PostgreSQL**、**MariaDB**、**SQL Server**、**Oracle Database**
ファイルサーバー	ファイルを保存して共有するためのサーバー。代表的なソフトは、Samba
DNSサーバー	IPアドレスとドメインを結び付ける、DNS機能を持つサーバー
DHCPサーバー	IPアドレスを自動的に振る機能を持つサーバー
FTPサーバー	FTPプロトコルを使って、ファイルの送受信を行うサーバー。Webサーバーと同居させることが多く、ファイルのアップロードやダウンロードに使う
プロキシサーバー	通信を中継する役割を持つサーバーの総称。社内LANなどインターネットから隔離された場所からインターネット上のサーバーに接続するときに使う。また、プロキシサーバーを経由すると、接続先から自分のアクセス元を隠すことができるため、自分の身元を隠してアクセスしたいときにも使われることもある
認証サーバー	ユーザー認証するためのサーバー。Windowsネットワークにログインするための「**Active Directory**」と呼ばれるサーバーや、無線LANやリモート接続する際にユーザー認証する「**Radiusサーバー**」などがある。代表的なソフトは、**OpenLDAP**、**Active Directory**

◯ サーバーに必要な要素

サーバー機能をインストールするコンピューター（サーバーマシン）は、特殊なコンピューターではありません。**サーバーと普段使っているパソコン（クライアント）との違いは、役割の違いであって、機器の違いではない**のです。

ですから、ノートパソコンやデスクトップと同じく、CPUやメモリ、マザーボード、ストレージ（HDDやSSD）があり、OSがあります。やろうと思えば、普段使っているパソコンをサーバーにすることもできます。

ただし、サーバー用のパソコンは、サーバー用に使いやすくなっています。24時間稼働することが前提なので、無駄な機能は省かれており、壊れにくいパーツが選択されています。

● コンピューターを構成する要素

項目	内容
CPU	パソコンの頭脳ともいえるパーツ。制御・演算などの処理をしている。プログラムを実行するのは、CPUが担当している
メモリ（メインメモリ）	一時的な記憶装置。CPUには記憶装置がないため、プログラムを実行するときに、データの格納場所として使う。ユーザーが入力したデータや、ファイルの読み込み、ネットワーク通信からの読み込みなど
マザーボード	電子回路基板。CPUやメモリ、ストレージを接続する
ストレージ	補助記憶装置。HDDやSSD。メモリに書き込んだ内容は、電源を落とすと消えてしまうため、永続的に残したいデータは、ストレージに書き込む
OS	コンピューターを動かすためのシステム。ハードウェアと、OS上で動くソフトウェアの仲介している

CPU

メモリ

ストレージ　　OS

サーバー用のOSとは

OS（Operating System） とは、コンピューターを動かすためのソフトウェアで、ハードウェアと、OS上で動くソフトウェアの仲介をしています。代表的なサーバー用OSには、UNIX（ユニックス）系とWindows系があり、「サーバー用OS」として有名なLinux（リナックス）やBSD（ビーエスディー）はUNIX系です。

サーバー用のOSは、クライアント用のOSに比べて種類が多く、とくにUNIX系は、当初オープンソースで開発された経緯からも、多様な係累を生みだしました。さらに、Linuxには複数のディストリビューションがあります。ディストリビューションとは、カーネル（OSの中核のこと）に周辺の機能（基本的なコマンドやソフトウェアなど）を付けたパッケージのことです。Linuxのディストリビューションには、Red Hat、CentOS、Ubuntu、Debianなど、さまざまな種類があります。無償のディストリビューションも多くあります。

一方、Windows系は、Windows Serverのみです。ファイルサーバーのOSとしてよく使われます。Webサーバーやメールサーバーなど、インターネットで利用するサーバーのOSには、Linux系やBSD系が使われるケースがほとんどです。

●サーバー用OSの系統

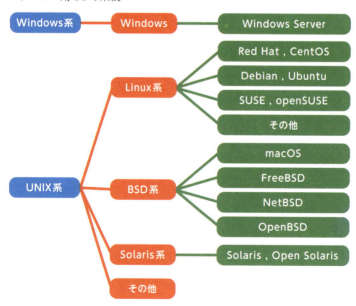

● インスタンスとサーバー

Amazon EC2では、サーバーは**インスタンス**として作成されます。インスタンスとは「実態」という意味で、実際に稼働している、仮想化されたコンピューターのことをいいます。

たとえば、サーバーといった場合は、機能の話なのか、物理的なサーバー自体を指すのか曖昧ですが、インスタンスといえば、サーバー[※1]として稼働している仮想サーバー（物理的なサーバーマシンにあたるコンピューター）のことを指します。

機能としてのサーバーは、インスタンスとは呼びません。なので、「Webサーバーのインスタンス」を作ることはあっても、「Webインスタンス」とはいいません。

●インスタンスとは仮想サーバーを指す

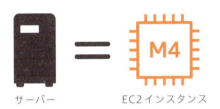

サーバー ＝ EC2インスタンス

まとめ

- サーバーとは何かサービスを提供するもの
- 提供するサービスの種類によってサーバーの名前は異なる
- サーバーは1つのマシンに複数同居できる
- サーバーにもOSは必要
- AWSではサーバーはインスタンスとして作成する

※1) 厳密に言えばサーバーとは役割のことなので、他の用途で使われていることもある。ただし、サーバーとして使われることが多いのでおおよそサーバーの話だとみなしてよい。

Chapter 2　AWSを知るためのクラウド&ネットワークのしくみ

11 LAN
～LANを構成する技術

今や当たり前になってしまったために、あまり意識することのないLANですが、もっとも身近なネットワークといってもよいでしょう。AWSのサービスによっては、このLANとAWSをつなぐしくみが必要です。

● LAN

　社内や家庭内において、パソコンやサーバーをネットワークでつなぎ、相互にやりとりできるようにしたしくみを **LAN（Local Area Network）** といいます。ネットワークケーブルなど有線でつないだネットワークが有線LAN、無線でつないだネットワークが無線LANです。

　LANの中でも、会社内に置かれたネットワークのことを、社内LANといいます。社内LANは、各社の事情ごとにインターネットにつながっていることもあれば、そうでないこともあります。インターネットに接続していない閉じたネットワーク範囲がイントラネットです。

　社内LANには、ファイルサーバーやWebサーバー、システムを動かすサーバーなどが含まれます。最近では、こうしたサーバー群を、AWSなどのクラウドに移行する例が増えてきています。

●社内LANの構成例

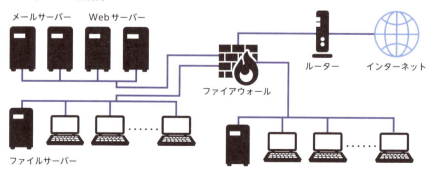

◯ LANを構成する技術

LANを構成する技術には、以下の6つの要素があります。

● LANを構成する技術と内容

項目	内容
ルーター	ネットワークの出入り口になる部分に置かれる機器。片側から入ってきたデータの宛先を確認し、宛先に近いもう片側のネットワークにデータを転送する
HUB	**ハブ**。ネットワークの配線を分割する装置。同一のネットワーク上の他の端末へとデータを転送する
FW	**ファイアーウォール**。出入りするデータを確認して、通してよいか否かを調整する装置。不適切な場所からのアクセスを禁止したりするなど、セキュリティを高めるために用いる。FWとは役割の名前なので、実際に調整を担当する機器はルーターやサーバー、専用機器などさまざまである
DMZ（ディーエムゼット）	**非武装地帯**。インターネットなどの外部ネットワークと社内ネットワークの間に設けるネットワーク。どちらからでもアクセスしたいサーバーを置く
DHCP	接続された端末に自動的にIPアドレスを振るしくみ
サブネット	1つのネットワークをさらに小さく分割したネットワークのこと

ルーター

ハブ

ファイアウォール

まとめ

- パソコンなどをつないだネットワークをLANという
- LANには有線と無線がある
- 閉じたネットワークはイントラネットと呼ぶ

Chapter 2 AWSを知るためのクラウド＆ネットワークのしくみ

12 IPアドレスとDNS
～ネットワーク上の場所を特定するしくみ

IPアドレスとは、ネットワーク上の住所のようなものです。しかし、IPアドレスは数値の羅列でわかりにくいので、DNSというしくみで人間にわかりやすい文字列に置き換えます。ここでは、IPアドレスとDNSのしくみについて学びます。

◯ IPアドレスとは

インターネット上で、サーバーやネットワーク、パソコンなどのホストを識別する住所や名札のようなものが**IPアドレス**です。Webサイトを見るときや、データを送受信するときに使います。IPアドレスは、IPv4の場合、「10.210.32.40」のように4つに区切られた10進数の数字（最大値は255）で表されます。

IPアドレスは、ネットワークに接続している限り、ホスト（パソコンやスマートフォン）1台につき最低1つ必要です。ただ、特定のホストとIPアドレスは、固定とは限りません。個人で使うようなものは、割り当てが流動的であるのが一般的です。一方、サーバーは固定にしておかないと、ユーザがアクセスできなくなってしまうので、固定にします。

AWSでは、「Elastic IP」というIPアドレスが用意されており、変動の大きいクラウド上のサーバーであっても、固定のIPアドレスでアクセスできるようになっています。

● IPアドレス

1つのブロックにある数字は、最大255

10.210.32.40

4つに区切られた10進数の文字で表される

> 00001010.11010010.00100000.00101000
> 10.210.32.40を2進数で表したもの
>
> このように、2進数で表すこともあるが、日常生活ではまず見かけない。

062

● プライベートIPアドレスとグローバルIPアドレス

IPアドレスには**プライベートIPアドレス**と**グローバルIPアドレス**があります。インターネット上で使われているのは、グローバルIPアドレスです。グローバルIPアドレスは管理されていて、世界中のどれとも重複することはありません。そのため、どのホストであるか確実に特定できます。一方、プライベートIPアドレスは、社内LANや家庭内LANの中で使われるIPアドレスです。

インターネット上でグローバルIPアドレスが必要なことは確かなのですが、グローバルIPアドレスには数に限りがあり、全世界のパソコン1台1台に割り当てるわけにはいきません。そのため、家庭や会社といった大きな単位にグローバルIPアドレスを割り当て、さらにその下のパソコンには、家庭や会社の中でだけ通用するIPアドレスを割り当てます。これがプライベートIPアドレスです。

●プライベートIPアドレスとグローバルIPアドレス

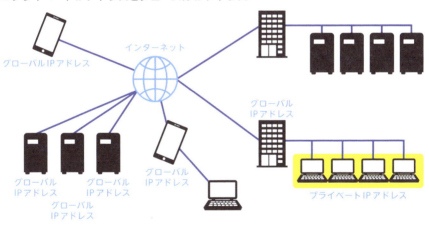

IPv6への移行

IPv4は、IPアドレスが約43億個（2の32乗個）しかなく足りなくなってきたため、現在ではIPv6への移行が推奨されています。IPv6は、「1234:ab56:78cd:efab:9012:ab12:34cd:89df」のように8つ区切りの16進数で表されるため、約340澗個（2の128乗）使用できます。

◎ DNS（ディーエヌエス）とドメイン

サーバーなどの端末（ホスト）は、IPアドレスで識別されています。つまり、あるWebサイトにアクセスしたい場合は、本来Webブラウザに該当のWebサーバーのIPアドレスを入力してWebページを取得するわけですが、実際には、そのようなことをしている人はいないでしょう。Webブラウザに入力しているのは、IPアドレスではなく、「https://www.mofukabur.com/」などのURLであるはずです。これには、**DNS**というしくみが大きく関わっています。

DNSとは、URLに含まれる名前に対応するIPアドレスのサーバーを教えるしくみです。閲覧者は、URLでアクセスしているつもりですが、実際は、DNSが裏でドメインと呼ばれる名前（mofukabur.comの部分）に対応するIPアドレスを調べて、そのIPアドレスを持つサーバーにアクセスしています。

これにより、閲覧者は、URLだけで該当のサーバーにたどり着けるのです。AWSにも、DNSのサービスは提供されており、「Route 53」がこれにあたります。

● DNSのしくみ

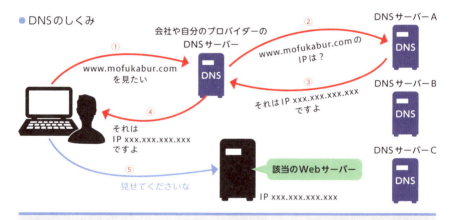

> **COLUMN** DHCP（ディーエイチシーピー）
>
> 家庭や社内のプライベートIPアドレスは、DHCPというしくみによって、各ホストに振られます。DHCPによって振られるIPアドレスには有効期限があり、期限が過ぎると振り直されます。そのため、パソコンやプリンタのIPアドレスは、ときどき変わってしまうのです。

COLUMN ホスト名、ドメイン名、FQDN（エフキューディーエヌ）、URL

　ホストにはIPアドレスが振られていますが、このIPアドレスは、「どのネットワークに所属しているか」を示すネットワーク部と、「どのホスト（端末）であるか」を示すホスト部で構成されています。

　これは、URLであっても同じです。「gihyo.jp」や「mofukabur.com」のような組織や所属などを示すドメイン名と、「www」や「ftp」、「yellow」「shigetaka」など任意の名前を付けたホスト名で構成されます。

　ホスト名とドメイン名をつなげた名称がFQDNです。たとえば、gihyo.jpという組織で運用されているwwwという名前のサーバーは、「www.gihyo.jp」です。

　URLは、このFQDNにさらにファイル名を付けて記述した書式です。「www.gihyo.jp」にある「index.html」ファイルであれば、「www.gihyo.jp/index.html」と表記します。先頭に「https://」が付いていることが多いですが、これは、HTTPプロトコルですよ、という意味です。プロトコルとは、通信における約束事のことです。かんたんに言うと「この通信はHTTPS（暗号化されたHTTP）というお約束に従って通信しますよ」という意味です。

```
https://www.gihyo.jp/index.html
プロトコル名  ホスト名  ドメイン名    ファイル名
              FQDN
```

 まとめ

- IPアドレスはインターネット上でホストを識別する住所
- プライベートIPアドレスとグローバルIPアドレスがある
- グローバルIPアドレスはインターネット上で使われる
- プライベートIPアドレスは社内LANや家庭内LANの中で使われる
- DNSでドメイン名とIPアドレスは紐付けられている

Chapter 2　AWSを知るためのクラウド&ネットワークのしくみ

13 Webのしくみ
～Webサイトをとりまく技術

いまや生活になくてはならない存在となったWebサイトですが、これには、HTTPプロトコルが大きく関わっています。Webサーバーのしくみをはじめとする Webサイトをとりまく技術について理解を深めましょう。

● HTMLとWebブラウザのしくみ

　Webサイトのコンテンツは、HTMLという形式で記述されています。HTML形式とは、この部分はタイトル、この部分は大きくて赤い文字、などタグで構造を示した文書です。Wordのように、見た目で大きさや色がわかるファイルではないので、一見何が書いてあるかわからないかもしれません。

　HTMLで記述されるのは、文字と構造だけです。画像は別のファイルとして存在し、HTMLには、画像の場所が書いてあるだけです。こうしたバラバラのファイルとして存在する文章と画像を、Webブラウザが組み合わせて1つのページとして表示します。

● HTML形式とWebブラウザでの表示

○ Webサーバーのしくみ

　HTMLや画像ファイルを置いているのが、**Webサーバー**です。Webサイトを閲覧するとき、Webブラウザで見たいWebサイトのURLにアクセスすると、Webサーバーから該当のファイルが、Webブラウザに送られます。

　Webサーバー用のコンテンツは、HTMLファイルや画像ファイルのほかに、動画ファイル、PHPやPerlで書かれたプログラムファイルなどで構成されます。

● Webサーバーのしくみ

○ Webサイトをとりまく技術

　Webブラウザからの要求を受けて、ファイルを送る役割を担うのが、Webサーバー用ソフトウェアです。そのほか、さまざまなソフトウェアやプロトコル（通信における、規約や手順などの決まりごと）によって、Webサイトが成り立っています。

● Webサイトをとりまく技術

項目	内容
Webサーバー用ソフトウェア	Webブラウザからの要求を受けて、ファイルを送る機能を備えるソフトウェア。代表的なソフトに、**Apache**（アパッチ）や**Nginx**（エンジンエックス）がある
FTP	サーバーにファイルを転送するときに使用するプロトコル

SSH	サーバーをリモート操作するときに使う接続方法
SSL証明書	証明書を作成しサーバーにインストールすると、通信を暗号化でき、サイトが書き換えられていないことを証明できる。httpsから始まるURLのサーバーには、この証明書がインストールされている
リダイレクト	要求されたURLに対し、別のページに転送するしくみ
CGI	サーバー側で処理するプログラムのこと。多くは、Perlという言語で書かれている
PHP	プログラム言語の1つ。Webアプリケーション開発でよく使われる
JavaScript	プログラム言語の1つ。Webブラウザで処理される
ストリーミング	データのダウンロード完了を待たず、必要な先頭データが届いた時点ですぐに再生するしくみ
拡張子	ファイルが、どの形式で保存されているかを表す。ファイル名に続いてピリオドのあとに記述される。Wordであれば「.docx」、Excelなら「.xlsx」。HTMLは、「.html」「.htm」、画像は「.jpeg」「.png」など
index.html	慣例的に、WebサイトのトップページとするHTMLファイルに付けられる名前。ファイル名をとくに指定しない場合、このページが表示される
ロードバランサー(LB)	配下に複数台のサーバーを置き、トラフィックを分散させることで1台あたりのサーバーの負荷を減らす装置
FW	**ファイアーウォール**。送受信するデータについて通過の可否を決める装置。とくに、**WAF**（Web Application Firewall）は、実際のデータの中身まで見て不正なデータを排除する
CDN	コンテンツをキャッシュするしくみ。期限切れとなるまではキャッシュをユーザーに返すことで、サーバーの負荷を減らすことが可能

● Webサイトへの攻撃手法

　Webサイトは不特定多数の人が使用するサービスのため、セキュリティ対策が必要です。セキュリティの脆弱性を利用した攻撃手法を理解し、対策を事前に講じることが重要です。攻撃手法をいくつか紹介します。

● Webサイトへの攻撃手法

項目	内容
マルウェア	不正かつ有害な動作を行う意図で作成された悪意のあるソフトウェアや悪質なコード。ウイルスやトロイの木馬、ワーム、ボット、スパイウェア、キーロガー、バックドアなどの種類がある

XSS	クロスサイトスクリプティング。閲覧者のWebブラウザに、悪意のあるスクリプトを埋め込む攻撃
CSRF	クロスサイトリクエストフォージェリ。別名イメタグ攻撃、シーサーフ。攻撃者が作成したフォームのデータをサーバーが処理してしまう脆弱性をついた攻撃
SQLインジェクション	SQL文(データベースに命令するコマンド)を送信し、データベースを不正に操作する攻撃
セッションハイジャック	セッションと呼ばれる接続情報を乗っ取る攻撃。他人になりすますことができる
DoS(ドス)攻撃	標的のサービスに負荷をかけて、サービスを停止させたり、サービスの邪魔をしたりする攻撃。最悪の場合は、サーバーが落ちるケースもある
パスワードクラッキング	サーバー上のパスワードファイルにアクセスしたり、伝送されるパスワードを盗聴したりして、パスワードを割り出すこと

セキュリティは、効果がわかりにくいと言っておろそかにすると、痛い目を見ますよ。小さな会社のサービスでも、大規模攻撃の踏み台になることもあります。

まとめ

- WebサイトのコンテンツはHTMLという形式で記述されている
- Webサイトのファイルを置いているのがWebサーバーである
- Webサーバー用ソフトウェアで代表的なソフトにApacheやNginxがある
- SSHとはサーバーの設定を行うときに接続する方法である
- SSL証明書をインストールすると通信を暗号化できる
- PHPやJavaScriptはプログラミング言語の1つ
- Webサイトへの攻撃には注意が必要

COLUMN そのほかのクラウドサービス形態

P.052で紹介したとおり、クラウドのサービス形態には、「○aaS」と呼ばれる分類があり、SaaS、PaaS、IaaSが有名ですが、最近では、ほかにも「○aaS」が増えています。

・DaaS (Desktop as a Service＝ダース)

クライアントPC（普段使っているパソコン）の中身を仮想化してネットワーク上に置くサービスです。ユーザーはネットワーク越しにリモートで使用します。

そのため、いつでも、どこからでも、どのパソコンであっても、「同じパソコンの中身」を使用できます。

具体的には、会社のパソコンをDaaS化し、会社でも家でも、同じ環境で作業するような用途で使用されます。

● DaaSはどこからでも「同じパソコンの中身」を使用できる

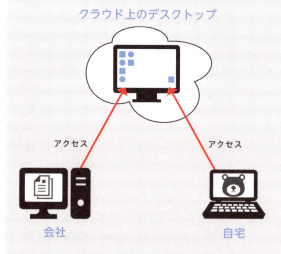

・FaaS (Function as a Service＝ファース)

関数を置くと実行されるサービスです。サーバーレスと呼ばれるシステムで、AWSのLambda（P.229参照）がFaaSに相当します。

クラウドはまだまだ進化しますから、これからも「○aaS」は増えていくに違いありません。どのようなサービスが出てくるのか、楽しみですね。

3章

AWS を使うための
ツール

AWSには、サービスの円滑な使用をサポート
するツールがあります。その中でも、もっとも
お世話になるのがマネジメントコンソールで
しょう。本章では、こうしたツールやしくみに
ついて学びます。

Chapter 3 AWSを使うためのツール

14 AWSの使い方とアカウント
～AWSに用意された便利なツール

実際にAWSを使ってみましょう。AWSは、アカウントを作成し、サービスを選択するだけで始められます。ただし、このとき作成したAWSのアカウントは、何でもできるrootアカウントです。取り扱いには十分注意しましょう。

● AWSを使うにあたって押さえたい基本的な概念

　AWSを使うにあたり、基本的な考え方を押さえておきましょう。まず、AWSはクラウドサービスですから、「使った分だけお金を払う」のが基本です。「不要なのにお金を払う」ことがないようにしなければなりません。つまり、**「自分の必要なものを」「必要な分だけ」使う**ということです。自分に必要であるかどうかは、状況によって変わります。そのため、**常に「自分に最適であるように管理する」ことがクラウドを上手に使うコツ**です。

　AWSは総合的にサービスを提供しているため、Webサイト構築やシステム構築に必要な機能やソフトウェアがおおよそ揃っています。しかし、運用方法によっては料金が高くなりますし、社内事情や顧客の事情などもあるでしょう。何をどのように使うのか、適切に選ぶ必要があります。

●自分にとって最適な状態になるように管理する

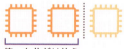
使った分だけ払う

使ってないのに無駄に確保しておかない

状況を見て、まめに調整する

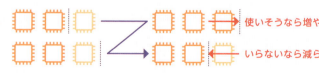
使いそうなら増やす
いらないなら減らす

必要なサービスを組み合わせて使う

● AWSはサービスを総合的に管理できる

　AWSは、複数のサービスを使うケースが多いため、サービスを総合的に管理できる便利な機能が提供されています。また、サーバーエンジニアなどの専門家でなくても操作しやすいように、Webブラウザで操作できるユーザーインターフェイスが用意されています。

　現在使っているパソコンから管理画面にログインすれば、誰でも操作できます。

● サービス管理ができるいろいろな機能

サービスの設定などを行う画面。
Webブラウザで使用できる。

マネジメントコンソール

コマンドで操作できるコマンドラインツール。
マネジメントコンソールでできないことも可能。

CLI

サービスを使用するためのユーザーアカウント。
グループやポリシーなどで、一括管理できる。

IAM

コストをグラフなどで確認できる。
予算に基づく管理なども可能。

コストマネジメント

監視ツール。しきい値を超えた場合に、
アクションを起こすこともできる。

CloudWatch

AWSアカウント

AWSを利用するためのアカウントを **AWSアカウント** といいます。AWSアカウントを作成するには、メールアドレスとパスワード、連絡先や、決済に用いるクレジットカードを登録します。**Amazonで買い物をするときに使用する、Amazonアカウントとは別のアカウントです**。GoogleアカウントやApple IDと似ていますが、大きく違うのは、個人だけではなく、企業も使う点です。

AWSのサービスでは、サーバーやストレージをレンタルできます。個人でも使用できますが、規模が大きい団体のほうがよりメリットがあるため、企業ユーザーも多いです。企業ユーザーは、AWSアカウントで管理するサービスも多くなりがちです。

そのため、複数のプロジェクトで同じアカウントを使用すると、費用などが曖昧になり、管理が煩雑になります。こうした事態を避けるため、規模が大きくなると、プロジェクトや費用の管理を行う単位で、AWSアカウントを使い分ける傾向にあります。

● AWSアカウントを作成するときに必要な情報

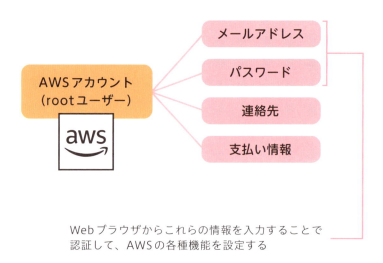

rootユーザー

AWSアカウントは、登録したメールアドレスと、パスワードでログイン（サインイン）します。AWSアカウントは、すべての操作ができる管理者権限を持つため、**rootユーザー**とも呼ばれます。すべての権限を持つのは便利ではありますが、ミスをすると致命傷になりやすく、乗っ取られてしまったらとても厄介です。こうした理由から、AWSでは**IAM**という、サービスを使用するためだけのユーザーが別に用意されています。通常の運用では、IAMを利用するのが普通です。

サービスを自分に合わせてカスタマイズ

AWSは、すぐに始められて、いつでもすぐにやめられます。ですから、必要なときだけ、必要なサービスを使うのが鉄則です。わざわざ用意するのが面倒な機能やソフトウェアなどが、サービスを設定するだけで即時に使い始められます。

また、1つのサービスの中に、複数の選択肢が用意されています。たとえば、サーバーサービスのAmazon EC2であれば、インスタンスのタイプ（サーバーの性能）を選んだり、容量を選んだりできます。

AWSは変化に対応しやすい反面、放置してしまうとメリットが生かせません。最初に自分に適切なサービスを選択していても、状況は変わるもの。変化に応じてサービスも変更するようにしましょう。

まとめ

- ▶ **AWSには便利なツールが用意されている**
- ▶ **AWSはサービスを総合的に管理できる**
- ▶ **AWSを利用するにはAWSアカウントを使用する**
- ▶ **AWSはサービスを自分に合わせてカスタマイズできる**

Chapter 3　AWSを使うためのツール

15 マネジメントコンソールとダッシュボード
～シンプルで直感的な管理ツール

AWSはWebブラウザからマネジメントコンソールにアクセスして、操作します。サービスごとにダッシュボードが用意され、そこで**各種設定**を行います。ダッシュボードは、**日本語に対応**しているので、かんたんに操作できます。

● マネジメントコンソールとは

マネジメントコンソールは、Webブラウザ上でAWSのサービスを管理する画面（ユーザーインターフェイス）です。サービスごとに固有の画面（ダッシュボード）が用意されており、サービスの設定、リージョンの選択、AWSアカウントの管理、必要なサービスやリソースグループ（リソースとは、各種インスタンスなど稼働中のサービスや、容量を確保したサービスなど利用中のもの一式のこと）の検索と使用、AWSのドキュメントの参照などさまざまな管理が行えます。一部サービスでは未対応ですが、多くのサービスで日本語にも対応しています。スマートフォン対応の「Amazon Consoleモバイルアプリ」もあり、リソースの状態を外出先で確認できます。

このように、マネジメントコンソールによって、複雑なコマンドを入力してサービスを操作する必要がなく、あまりコマンドに詳しくない人でも、サービスを適切に使えます。

● さまざまな管理ができるマネジメントコンソール

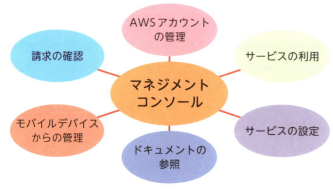

リージョンの選択

マネジメントコンソールは、地域を表すリージョン（P.090参照）単位で操作します。同じAmazon EC2サービスであっても、「○○リージョン」のAmazon EC2と、「××リージョン」のAmazon EC2では、別のものとして扱われます。

マネジメントコンソールは最初、リージョンがバージニア州になっています。AWSアカウントでログインしたら、画面右上の選択肢から、東京などの操作したいリージョンに切り替えます。

●同じEC2サービスも、リージョンごとに別のものとして見なされる

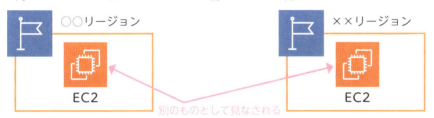

リージョンは一度選択すると記録されるため、同じリージョンを操作するのであれば、1回だけ選択すればかまいません。別のリージョンのサービスを操作するときは、画面右上のメニューからリージョンを切り替えます。サービスの操作画面など、マネジメントコンソールのトップ画面以外からでも、いつでも変更することができます。

リージョンによって、使用できるサービスと使用できないサービスがあります。使用できないサービスを選択すると、利用可能なリージョンに切り替えるようにアラートがでます。

●リージョンによって提供しているサービスが異なる

● ダッシュボード

マネジメントコンソールには、サービスごとにメニューがあり、それぞれの画面で操作します。サービス操作におけるメイン画面を**ダッシュボード**といいます。EC2であれば、「EC2ダッシュボード」、S3であれば、「S3ダッシュボード」が用意されています。

AWSの各サービスを操作するには、AWSアカウントでログインしたあと、リージョンやサービスを選択し、該当のダッシュボードを開きます。

ダッシュボードでできる操作は、サービスによって異なりますが、サービスの開始や終了、各種設定、現在の状態についての一覧表示などが多くのサービスで共通して利用できます。

開始して間もないサービスなどは、ダッシュボードがまだ日本語化されていないこともありますが、主要なサービスは日本語対応しているので安心してください。

● ダッシュボードを開くまでに必要な操作

● EC2ダッシュボード

※ AWSは進化の速いサービスです。ダッシュボードの画面は変更になっている場合があります。

AWS CLI（シーエルアイ）とは

　AWS CLIは、ローカルのコマンド端末、またはサーバーからコマンドやスクリプトで、AWSサービスの利用を迅速に行うためのCLI（コマンドラインインターフェイス）です。

　AWSのいろいろなサービスの設定や操作は、「マネジメントコンソール」から視覚的に行えますが、スクリプトを書いて複数の操作を一括実行したり、より自動化・プログラム化された方法で行ったりする場合は、AWS CLIが便利です。

　AWS CLIは、Pythonのパッケージ管理ツールpipを用いてインストールします。操作には、コンピューターに付属しているコマンドプロンプトやターミナルなどを開き、「aws」で始まる一連のコマンドを用います。最初に「aws configure」でAWSログインの認証情報を入力して設定します。

● AWS CLIにおけるコマンドの例

①i-12345678という名前のEC2インスタンスを起動する

$ aws ec2 start-instances --instance-ids i-12345678

②S3のバケット一覧を表示する

$ aws s3 ls

グローバルサービス

　AWSのサービスのなかには、リージョンをまたいだサービスもあります。そうしたサービスを「グローバルサービス」と言います。たとえば、ユーザーなどの権限を設定する「IAM」（P.080）、DNSのサービスを提供する「Route 53」（P.226）、コンテンツ配信サービスの「CloudFront」（P.164）などが該当します。

 まとめ

- マネジメントコンソールとはWebブラウザ上でAWSのサービスを管理する画面
- マネジメントコンソールは地域を表すリージョン単位で操作する
- ダッシュボードはAWSのサービス操作におけるメインの画面

Chapter 3 AWSを使うためのツール

16 AWS IAMとアクセス権
～アクセス権限を設定

AWS IAM（以下、IAM）はAWSにおける認証のしくみです。AWSは、複数のサービスを使用するため、適切に管理するための認証のしくみが不可欠です。IAMには、ユーザーのほかにグループやロールがあり、一括で管理しやすくなっています。

◯ AWS IAM（アイアム）とは

AWS IAMとは、「Identity and Access Management（IDとアクセス管理）」の略で、AWSにおける認証機能です。「IAM」は、「I am（私です）」の意味を引っ掛けているのでしょう。AWSアカウントとよく似ていますが、AWSアカウントは、契約を管理するアカウントであるのに対し、IAMは各種サービスへのアクセスを管理する機能です。人に対して与えるIAMを**IAMユーザー**といいます。一方、サービスやプログラムなどに与えるIAMが、**IAMロール**です。

IAM自体は追加料金なしで、無料で使用できます。作成したユーザーが使用したAWSサービスには課金されますが、IAM自体は追加料金なしで、AWSアカウントに提供されている機能です。なお、AWSではユーザー認証に、MFA（Multi-Factor Authentication）の使用を推奨しています。

●IAMをユーザーやサービスに与えてアクセス管理を行う

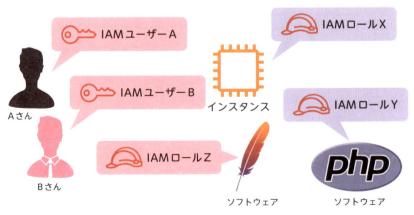

IAMグループとIAMポリシー

　IAMユーザー・IAMロールともに、必要最低限の機能を付けて、必要な人にだけ渡す運用が基本です。「もしかして必要になるかもしれないから」と余計な権限を付けておくのは、セキュリティ的に望ましくありません。また、1つのアカウントを複数の人で使い回すのも、望ましくありません。何かあった場合に、誰が行った操作かわからなくなってしまうからです。一方で、AWSでは、複数のEC2インスタンスや、S3バケットを扱うケースがよくあります。その1つ1つのサービスに対して、メンバー1人1人に権限を設定していくのは大変です。そのため、ユーザーやロールの設定を効率的に管理するしくみが用意されています。

　ユーザーは**IAMグループ**として、グループにまとめられます。グループ化しておくと、同じ権限を与えたいユーザーを一括で管理できます。

　IAMポリシーは、実行者（ユーザー、ロール、グループ）が、どのサービスにアクセスできるのか、決まりごとを設定する機能です。実行者が何をできるのかは、個別に設定するのではなく、ポリシーを適応する形で設定します。

　そのため、権限の設定を変えたい場合も、ポリシーを変更・付け替えするだけで、結び付くすべてのユーザーやロールの設定を変更できます。ポリシーは1実行者に対して、複数設定できますし、1つのポリシーを複数のユーザーやロールに設定もできます。

● IAMポリシーでユーザーやグループの権限設定を管理する

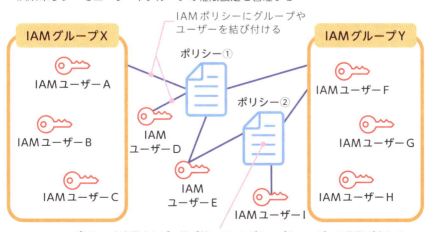

ポリシーを変更すれば、結び付いているグループやユーザーの権限が変わる

● IAMポリシーで設定すること

IAMポリシーは、何に対して（Amazon EC2のサーバーやAmazon S3のフォルダなど）、どのような操作を（起動や停止、ファイルの書き込みや読み込み、削除など）、許可するかしないかを設定します。

実行者（ユーザー、ロール、グループ）が「何をできるか」の形でも設定できますし、操作される側（サーバーやフォルダなど）に対し「何を許可するか」の形でも設定できます。前者を**アイデンティティベースのポリシー**、後者を**リソースベースのポリシー**といいます。どのような操作を指定できるのかは、サービスや対象によって異なり、細かく設定できます。

たとえば、ストレージサービスのAmazon S3の場合は、「読み込み」「追加」「上書き」「削除」など、細かい設定ができますし、特定の場所（IPアドレス）からだけ許可するという設定もできます。

IAMポリシーは、オリジナルのものを作成することもできます**（カスタマーポリシー）**。しかし、決める項目がとても多く、設定ミスをしやすくなるため、基本的にはすでに用意された**AWS管理ポリシー**を使います。

たとえば、Amazon S3に対して「全操作ができる」「読み書きできる」「読み込みだけできる」など、よく使われそうなものは、AWS管理ポリシーに用意されているので、そちらを使った方がミスしません。AWS管理ポリシーと違うところだけ、カスタマーポリシーを設定するというように組み合わせるとよいでしょう。なお、アイデンティティポリシーと、リソースポリシーとで設定できる項目が若干違います。

● 設定する主な項目

項目	内容
Statement	設定値。Effectや対象などを記述する
Sid	ポリシードキュメントに与える任意の識別子
Effect	有効にするかどうか
Action	許可または拒否される特定の操作
NotAction	指定されたアクションリスト以外のすべてを明示的に照合
Resource	操作する対象
NotResource	指定されたリソースリスト以外のすべてを明示的に照合
Condition	ポリシーを実行するタイミングの条件

COLUMN 多段階認証・多要素認証

IAMでは、多段階認証・多要素認証を導入できます。1種類・1段階の認証では、パスワードがわかれば、マネジメントコンソールにログインできてしまいます。そこで、2つ以上の認証を行うのが、多段階認証です。多段階認証は、IDとパスワードだけでなく、専用ハードウェアを使ったり生体認証を使ったりなど、別の種類の認証を用意するのが通例です。このように、複数の要素で認証する方法を、多要素認証といいます。

AWSでは、IDとパスワード以外の認証として、MFA（Multi-Factor Authentication）デバイスを使います。MFAデバイスには、専用ハードウェアを使うケースもありますが、手軽なのはiPhoneやAndroidのアプリを使う方法です。アプリを起動すると、画面に一定時間ごとに変わる数字が表示され、その数字をログイン時に入力して認証します。

● IAMは多段階認証と多要素認証が可能

まとめ

- AWS IAMは認証のしくみ
- IAMユーザーは人に対して与えるIAM
- IAMロールはサービスやプログラムに与えるIAM
- IAMポリシーはIAMユーザーやIAMロールに結び付けてアクセス権限を設定する
- IAMグループはIAMユーザーをグループ化する

Chapter 3 AWSを使うためのツール

17 Amazon CloudWatch
～Amazon EC2のリソース状況を監視

サーバーは正常に動くのが大前提です。そのためには、日々、監視を行い、何か異常があれば、対処しなければなりません。Amazon CloudWatchは、こうしたサーバーの監視を手伝うサービスです。

● Amazon CloudWatch（クラウドウォッチ）とは

　サーバーやシステムには監視がつきものです。サーバーは正常に動き続ける必要があり、動いていると思ったら、実は止まっていた――なんてことでは困ります。普通のサーバーと同じように、AWSのサービスも監視が必要なのです。物理的な部分に関しては、AWSがお守りをしてくれるにしても、載せるシステムやソフトウェアの監視は、自分たちで行う必要があります。そこで使用するのが、**Amazon CloudWatch**です。

　Amazon CloudWatchは、各AWSサービスでのリソースのモニタリングと管理を行うサービスです。AWSの各種サービスからメトリクス（いろいろな観点から動作を評価する数値）、ログなどを収集・記録します。収集したログが、しきい値を超えたら、特定のアクションが起こるように設定できるため、監視状況に対応した管理も可能です。基本料金はなく、従量課金制で使用分のみを支払います。なお、Amazon CloudWatchは、対応しているサービスと、対応していないサービスがあります。

● Amazon CloudWatchでサーバー監視を行う

● 使用できるアクションと Amazon CloudWatch Logs

Amazon CloudWatch では、CPU利用率、ボリュームの読み書き回数やバイト数、ネットワークの送受信パケット数などを監視できます。

監視している内容がしきい値を超えた場合に、何らかのアクションを設定できます。アクションには、メール送信、EC2アクション（インスタンスの起動・停止など）、Auto Scaling[1]（インスタンスの数を変更）、Lambda関数[2]（P.230参照）による任意のプログラム実行などが設定できます。

さらに、**Amazon CloudWatch Logs** として、各種ログを記録する機能もあります。このログは汎用的なログであり、Lambda関数を実行する際にログが記録されるほか、Amazon EC2 インスタンスにエージェントを入れれば、インスタンス内での任意のログを記録できます。かんたんなフィルター機能があり、ログを確認できる画面もあります。CloudWatch Logs のログは一定期間で消すことや、S3バケット（Amazon S3における、データを保存する容器のこと）にエクスポートもできます。

AWS CloudTrailという監査のサービスを有効にしておけば、誰が、どのリソースにアクセスしたのかについて証跡が残るようにもなります。

まとめ

▶ **Amazon CloudWatch は各AWSサービスでのリソースのモニタリングと管理を提供する**

▶ **収集したログがしきい値を超えたら特定のアクションを起こすように設定できる**

※1）Auto Scaling（オートスケーリング）は、自動でスケーリング（サーバーの希望を増減すること）を行える機能。
※2）Lambda（ラムダ）関数は、AWS Lambda（小さなプログラムを実行できるサービス）で使われる関数。

Chapter 3　AWSを使うためのツール

18　AWS Billing and Cost Management
～AWSのコスト管理

AWSは従量制であるだけに、コスト管理が重要です。こうしたコスト管理を助けるサービスが、AWS Billing and Cost Managementです。現在かかっているコストを確認できるだけでなく、上限を定めてアラートを発信することもできます。

● AWS Billing and Cost Managementとは

　AWSはクラウドなので、初期費用が抑えられる代わりに、従量制での課金となります。そのため、日々の料金管理が重要な課題です。また、管理する対象も複数のサービスを使用する場合が多く、煩雑になりがちです。

　こうした手のかかりやすいAWSの料金管理ができるサービスが、**AWS Billing and Cost Management（AWSコスト管理）**です。コスト管理に関するいくつかのサービスが用意されており、請求書の支払い、使用料の監視、コスト・使用状況レポートなどが利用できます。サービスの解約などもAWS Billing and Cost Managementから行います。

■ AWS Billing and Cost Management（ビリングアンドコストマネジメント）

請求書

AWS Cost Explorer

AWS Budgets

AWSの料金や使用状況を管理しやすいしくみがあって便利です。「クラウド破産」しないようにきちんと管理しよう！

● AWS Billing and Cost Managementの主なサービス

項目	内容	料金
請求書	毎月の請求書や、使っているAWSサービスの詳細内訳が確認できる	無料
請求ダッシュボード	支出ステータスやコスト傾向などを確認できる	無料
AWS Cost Explorer (コスト エクスプローラー)	コストと使用量を経時的に可視化、把握、管理できる	付属のユーザーインターフェイス使用時は無料、APIを使用したプログラムアクセスは有料
AWS Budgets (バジェット)	コストと使用量のカスタム予算を設定して、特定の条件でアラートを発信する	使用自体は無料だが、3つめのカスタム予算から料金がかかる
コストと使用状況レポート	コストと使用量に関する最も詳細なデータを参照できる	無料

○ コストを調べられる

AWS Cost Explorer を使用すると、月にどのくらいコストがかかっているのか、サービス単位で調べられます。コストは、月次だけではなく日次でも出せますし、グラフで表示されるため、金額の増減を直感的に把握できます。

● Cost Explorerでコストを視覚的に把握できる

※ AWS公式Webサイト
（https://aws.amazon.com/jp/aws-cost-management/aws-cost-explorer/）より引用。

● 予算に応じて管理できる

AWS Budgets（バジェット）では、費用が特定のしきい値を超えたときに、アラートを発行できるしくみがあります。そのため、「知らないうちにたくさん使っていて、莫大な金額が請求された」といった事態を避けられます。また、Eメールで、予算ポートフォリオの更新を受け取ることも可能です（AWS Budgetsレポート）。

● AWS Budgetsで費用を管理できる

● コストと使用状況を確認する

コストと使用状況レポートでは、コストや使用状況に関する細かいデータが、1日に1回、CSV形式でAmazon S3のS3バケットに保存されます。また、これらの情報は、Amazon Athena、Amazon Redshift、Amazon QuickSightなど[※1]、任意の集計・統計ツールに送ることもできます。

● コストと使用状況レポートを任意のツールで集計できる

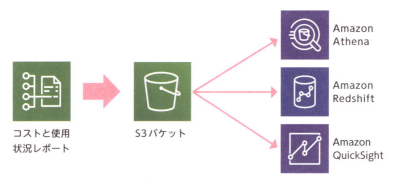

※1）Amazon Athena…S3のデータに対してSQLのSELECT文を実行できるサービス
　　　Amazon Redshift…データの分析サービス
　　　Amazon QuickSight…BIサービス

コスト管理のコツ

　AWSでは、さまざまなツールが用意されていますが、ツールを使って、判断するのは人間です。では、どのようにコストを管理していけばよいのでしょうか。いくつか着目すべき点はありますが、最初のうちは主に以下の2点を意識しましょう。

●選択は適切か？

　AWSは、多くのサービスを提供しています。中には、同じような機能を実現するのに、別のサービスを使用できる場合もあります。たとえば、Webサイトを作りたいのであれば、Amazon EC2で作ることもできますし、Amazon S3で作ることもできます。それぞれ自由度とコストが違うので、「自分にはどちらのサービスが望ましいか」をよく分析してください。

　常に新しいサービスがリリースされて続けているため、開始時にはなかったサービスが始まっていることもあります。定期的に確認するようにスケジューリングしておきましょう。

　また、1つのサービスで、複数のタイプを提供していたり、オプションを付けられる場合もあります。Amazon EC2であれば、コストの低いタイプから、ハイエンドモデルまで用意されています。こちらも、定期的に見直しが必要です。

●運用は適切か？

　サービスを適切に選択していたとしても、運用が適切でなければ、やはりコストがかかってしまいます。使っていないのに、サービスをキープし続けてコストがかかっていたり、実は不要なシステムもあるかもしれません。実情の調査も重要です。

まとめ

▶ **AWS Billing and Cost Management**はAWS利用における料金管理を提供する

Chapter 3　AWSを使うためのツール

19 リージョンと アベイラビリティーゾーン
～世界各国にあるデータセンター

リージョンとは、かんたんに言えばデータセンターです。AWSは世界各国にデータセンターがあり、世界的な冗長性をとれます。また、リージョンごとにアベイラビリティーゾーンがあり、物理的に独立した設備になっています。

● リージョンとアベイラビリティーゾーン

　AWSではサーバーとデータセンターを世界中の26の地域（2022年1月現在）に置いています。この地理的分類が**リージョン**です。ユーザーがサービスを受けるときは地域を指定します。もちろん、日本にもあります。東京リージョンと大阪リージョンです。大阪リージョンは、2021年に正式なリージョンとなったばかりなので、東京に比べ、使えないサービスもあります。

　リージョンは、かんたんにいえばデータセンターです。各リージョンでは、複数の**アベイラビリティーゾーン（AZ）** に、それぞれ物理的に独立した設備を置いてあります。データセンターの設備を、さらに複数の場所に分散させていると考えるとわかりやすいでしょう。AZは、それぞれがクラウド上の独立したパーティションでもあり、併用することでサービスの中断を防ぎます。そのため、複数のAZによる構成は、冗長化（P.051参照）にもつながります。

●各リージョンに複数のアベイラビリティーゾーンがある

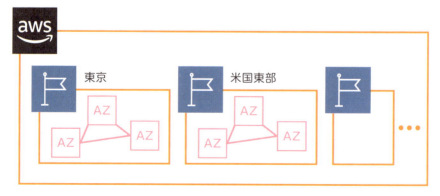

◯ リージョンとサービス

　リージョンは、ただのデータセンターという意味合いではありません。リージョンによって、提供されているサービスとされていないサービスがあるので、サービス提供の母体でもあるのです。

　たとえば、日本に住む人の多くは東京リージョンを選択しますが、まだ東京リージョンで提供されていないサービスもあります。そうした場合は、提供されていないサービスのみ、米国東部などの別のリージョンを選んで使用します。

　また、サービスによっては、東京よりも、外国のリージョンのほうが安く提供されている場合もあります。コストにシビアなときは、こうした選択をするケースもあるでしょう。

　ちなみにどのリージョンを選んでも、コントロールパネルのダッシュボードから管理するため、日本語の画面で操作できます。

●サービスによって別のリージョンを選べる

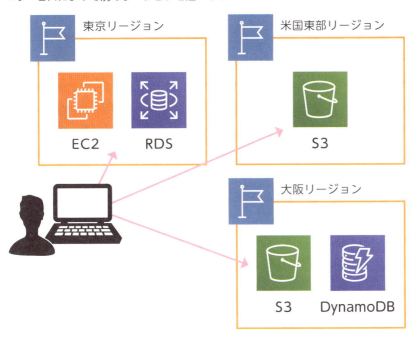

● 主なリージョン一覧（2022年1月現在）

コード	名前	コード	名前
us-east-1	米国東部（バージニア北部）	eu-north-1	欧州（ストックホルム）
us-east-2	米国東部（オハイオ）	ap-east-1	アジアパシフィック（香港）
us-west-1	米国西部（北カリフォルニア）	ap-northeast-1	アジアパシフィック（東京）
us-west-2	米国西部（オレゴン）	ap-northeast-2	アジアパシフィック（ソウル）
ca-central-1	カナダ（中部）	ap-northeast-3	アジアパシフィック（大阪）
eu-central-1	欧州（フランクフルト）	ap-southeast-1	アジアパシフィック（シンガポール）
eu-west-1	欧州（アイルランド）	ap-southeast-2	アジアパシフィック（シドニー）
eu-west-2	欧州（ロンドン）	ap-south-1	アジアパシフィック（ムンバイ）
eu-west-3	欧州（パリ）	sa-east-1	南米（サンパウロ）

まとめ

▶ サーバーとデータセンターの地理的分類をリージョンと呼ぶ

▶ リージョンはサービス提供の母体である

▶ リージョンは世界中の複数の地域にある

▶ リージョンにはそれぞれ物理的に独立した設備である複数のアベイラビリティゾーンがある

4章

サーバーサービス「Amazon EC2」

「AWSといえば、EC2」といっても過言ではないほど、EC2はAWSを代表するサービスです。EC2は、非常に自由なサービスでもあるため、さまざまな設定が行えます。本章では、EC2について解説します。

Chapter 4　サーバーサービス「Amazon EC2」

20　Amazon EC2とは
～すぐに実行環境が整う仮想サーバー

AWSでもっとも有名なサービスといえば、Amazon EC2（以下、EC2）でしょう。Amazon EC2とは、コンピューティングキャパシティを提供するサービスです。EC2を利用することでかんたん・手軽にサーバーを作成できます。

● Amazon EC2（イーシーツー）とは

Amazon Elastic Compute Cloud（Amazon EC2）（エラスティック　コンピュート　クラウド）は、コンピューティングキャパシティーを提供するサービスです。かんたんにいえば、**サーバーに必要なもの一式をクラウドで借りられる**ということです。

レンタルサーバーではサーバーマシンやサーバー機能を借りますが、クラウドの場合は、借りた道具を使って自分でサーバーを作るようなイメージです。ハードウェアの構成やOSの組み合わせを弾力的に選ぶことができ、構築が手軽であることが特徴です。このサーバー機能が**インスタンス**です。

EC2は、**アンマネージドサービス**です。サーバーやネットワークの運用はAWSが担当しますが、OSを含む、インストールするソフトウェアすべての運用は、自分で行う必要があります。

● レンタルサーバーとクラウドの違い

ボタン1つで最適なサーバーを作成できる

サーバーを構築するには、物理的なマシンを用意し、OSやソフトのインストール、ネットワークやセキュリティの設定が必要です。そのためには、サーバー構築の知識がある技術者を手配しなければなりません。

しかし、EC2では、サーバーを自分で作るといっても、マネジメントコンソールからボタン1つで作成できるため、サーバーに関する技術知識が浅くとも使えます。**多種多様なサーバーマシンの組み合わせ（インスタンスタイプ、P.110参照）や、OSとソフトウェアの組み合わせ（AMI、P.106参照）が用意されているので、それを選択するだけ**です。また、物理的なマシンを用意する必要がないため、初期投資を抑えることができます。

EC2はアンマネージドサービスであるため、AWSによる強制アップデートは行われません。管理の手間はかかりますが、反面、自由度の高いサービスです。

そのため、具体的な手順よりも、「どの構成で作るか」「どのくらいの性能が必要か」という設計的視点が必要になります。

● EC2でサーバーを作成するメリット

誰でもすぐに使える	いろいろ選べる
・ボタン1つで作成できる 　➡マネジメントコンソール ・用意されたものを選ぶだけ 　➡AMI、インスタンスタイプ ・あとで変更しやすいので、とりあえず始められる 　➡マネジメントコンソール、インスタンスタイプ	・CPUやメモリのスペックがいろいろ用意されている 　➡インスタンスタイプ ・OSやソフトウェアの種類がいろいろ用意されている 　➡AMI ・連携させたい機能も充実 　➡ほかのAWSサービス

バックアップがとりやすい	➡仮想化技術
どこからでもアクセス	➡クラウド
物理的に異なる複数の場所に置くことができる	➡リージョンとアベイラビリティゾーン

サーバーサービス「Amazon EC2」

◯ すぐに作れる・すぐに壊せる

　EC2は、マネジメントコンソールにログインし、構成を選択するだけでサーバーが作成できます。つまり、誰でもかんたんにサーバーを用意できるので、「サーバーをテスト的に作りたいとき」や「サーバー知識の浅い人が作りたいとき」にも有効です。手軽に利用できますし、本来、環境構築に必要なソフトをインストールする手間が省けるので、時間短縮にもなります。

　すぐに作れて、すぐに壊せるため、不要なリソースを維持する必要はありません。サーバーになんらかのトラブルがあった場合にも、すぐに復帰できます。複製やスケールアップ・ダウンの機能があり、キャンペーンサイトなど、一時的にアクセスが増大する場合にも向いています。

　「すぐに作れる・すぐに壊せる」というのは、一言でいえば、「**不確定要素が多い場合」に強みを発揮する**ということです。アクセスがどのくらいになるかわからない、サーバースペックがどのくらい必要かわからない、試しに作成したい、一時的に使いたいなど、最初に見定めづらい状況でも頼もしい味方になります。

●「すぐに作れる・すぐに壊せる」ことのメリット

壊れた場合	同じサーバーを複製しやすいので、すぐに復帰できる
負荷が大きくなった場合	同じ構成のサーバーを複製し、負荷分散させやすい
アクセスが減った場合	サーバーのスペックをスケールダウンし、コストを下げやすい
一時的に使いたい場合	開発時のテストやキャンペーンサイトなど、一時的に使用したい場合にも手軽

> 誰でもかんたんにサーバーが作れる！
> 1つずつインストールしないから手間も時間も省ける！
> すぐ作れて、すぐ壊せるよ！

マシンタイプやOSを選べる

　EC2は、選択の幅が広いのも魅力です。EC2でサーバーを作成するときには、サーバーマシンを**インスタンスタイプ**※1で選んで構成します。また、どのようなOSを使うのか、ソフトウェアをインストールするのかも、どの**AMI**※2を選ぶのかによって決めます。インスタンスタイプ、AMIのどちらも多種多様に用意されており、自分でソフトウェアをインストール・設定することもできれば、セットアップされた状態から使用することもできるのです。

●サーバー作成において選択の幅が広い

あらかじめインストールする内容を選べる

| OSだけでなく、ソフトウェアもインストールされ、設定も終わっているものを使う | | OSがインストールされただけの状態から、自分でソフトウェアをインストール・設定する |

マシンスペックを選択できる

| 低スペック | | 高スペック |

周辺との組み合わせを選べる

| EC2しか使わない | | 周辺技術もAWSを使う |

まとめ
▶ Amazon EC2はサーバーとサーバーに必要なもの一式を提供する

サービス名	Amazon EC2 (EC2)
URL	https://aws.amazon.com/jp/ec2/
使用頻度	★★★★
料金	インスタンス使用量 + EBSの料金 + 通信料 + その他オプション
マネージドサービス ✕	東京 ○・大阪 ○	VPC ○

※1）インスタンスタイプ…インスタンスの種類（P.110参照）
※2）インスタンスのもととなる金型のようなもの（P.106参照）

Chapter 4　サーバーサービス「Amazon EC2」

21　EC2を使用する流れ
～仮想サーバーを使うまで

EC2を利用するには、マネジメントコンソールからEC2ダッシュボードを開いてインスタンスを作成します。ダッシュボードでは、インスタンスタイプを選択したり、セキュリティグループを設定したりすることができます。

● EC2の操作

　サーバー管理者の仕事には、サーバーを設置したり、サーバーのハードウェアや周辺環境を整えたりする物理的な作業と、サーバーOSにログインして操作するソフトウェア的な作業があります。

　前者の作業は、クラウドでない非クラウド環境の場合、現地に行って直接ケーブルをつないで作業することが多いですが、EC2では**マネジメントコンソール**で作業を行えます。後者の作業は、非クラウド環境でもEC2でも変わらず、SSHでリモート（インターネット経由）で、ログインしての操作が基本です[1]。SSHとは、サーバーを遠隔操作するためのプロトコル[2]です。そのため、EC2でもSSHでの接続を設定しなければならないのは同じです。

● サーバー構築における物理的な作業とソフトウェア的な作業

[1] マネジメントコンソールからもできる。EC2 Instance Connectを使えば黒い画面で操作可能。
[2] 通信の決まり、お約束のこと。

EC2サービスの機能

EC2サービスには、インスタンス、AMI、キーペアなどの機能があります。

よく使われるサーバーの用語とは、言葉・概念ともに異なっているので、機能の内容を押さえておきましょう。

● EC2の主要な機能

項目	内容
インスタンス	AWSクラウドに作る仮想サーバーのこと。EC2では、後述するようにAMIから何度も同じ構成のサーバーを作成できるため、作成したサーバーをこのように呼ぶ (P.102参照)
AMI (エーエムアイ)	仮想イメージのこと。インスタンスを作成する元となる金型のようなもの。OSのみが入っているようなシンプルなタイプから、ソフトウェアの設定まで終わっているタイプまで、さまざまなAMIが用意されている (P.106参照)
キーペア	インスタンスに接続するときに、認証のために使用する鍵 (P.114参照)
EBS (イービーエス)	AWSクラウド内で使用できるストレージ。インスタンスのストレージとして使用される (P.112参照)
セキュリティグループ	仮想的なファイアウォール。1つ以上のインスタンスのトラフィックを制御する (P.187参照)
Elastic IP (エラスティックアイピー)	静的 (固定の) なIPv4アドレス (P.116参照)

EC2を使用する流れ

EC2を使用するには、マネジメントコンソールからEC2ダッシュボードを開いてインスタンスを作成します。インスタンスが作成できたら、そのあとは、SSHで接続して進めていきます。

インスタンスを作成するには、マシンスペックや、OSの種類、ソフトウェアだけでなく、ネットワークやIPアドレス、セキュリティの設定を行う必要があります。このあたりは通常のサーバーと同じです。

すぐに変わってしまうので画面そのものは載せませんが、設定する手順は次ページの図のとおりです。

● AWS上で仮想サーバーを構築する流れ

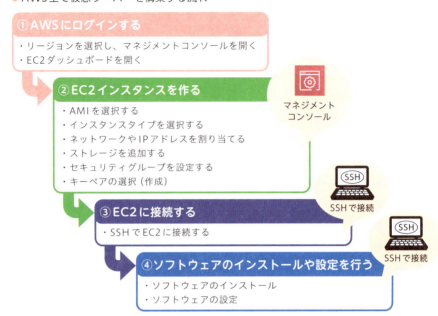

○ インスタンスの設定項目

　通常サーバーを作るときに検討する内容は、インスタンス作成時においても、同じように決めておく必要があります。たとえば、「CPUは××にして、メモリは○○」、「OSはCentOS[※3]で、WebサーバーはApache[※4]をインストールする」など、1つずつ検討します。サーバーに必要な要件は、作りたいシステムやサービスによって異なります。次の項目を参考に社内でよく相談して設計しましょう。

●インスタンスの設定項目

項目	内容
AMI	EC2インスタンスの仮想イメージであり、ソフトウェアの構成を記録したテンプレート。使用するOS、ソフトウェアなど、どのようなインスタンスにしたいかを決めておき、それに該当するAMIを選ぶ（P.106参照）
インスタンスタイプ	EC2インスタンスのマシンスペック。CPU・メモリ・マシンのタイプを決めておく（P.110参照）
リージョン	サーバーを設置する地域。世界的な冗長性を考える場合は、他国でも作成する（P.090参照）

※3) CentOS…Linuxの代表的なディストリビューション
※4) Apache…代表的なWebサーバー用ソフト

ネットワーク	EC2インスタンスを配置するネットワーク。AWSのVPC（AWSアカウント専用の仮想ネットワーク）から選択する。VPCがなければ作るかデフォルトのVPCを使う（第6章参照）
サブネット	設置するネットワークの範囲。VPC内のどのサブネットに置くかを選択する。サブネットを選ぶことで、アベイラビリティゾーンと呼ばれる配置場所と、どの範囲のプライベートIPが振られるかが決まる（P.176参照）
IAMロール	インスタンスのアクセス権限ポリシーを設定する。ほかのサービスにアクセスしたいときに、割り当てる必要がある（P.080参照）
ストレージの容量と種類	サーバーマシンのストレージ。OSがインストールされる場所である。基本的にはEBSを選択し、利用するディスク容量と、ストレージの種類を選ぶ。用途によっては、インスタンスストア（電源を切るとデータが消えてしまうが、アクセスは高速になる。一部のインスタンスタイプで対応）を選ぶのもよい。S3などの外部ストレージは選べない（P.112参照）
タグ（EC2インスタンスの名称）	インスタンスに任意のタグを付けられる。「Name」タグを使用すると、インスタンスの名前を付けられるので、付けておくとよい。
セキュリティグループ	プロトコルごとに、ポートもしくはIPアドレス、もしくはその両方のフィルタリングを設定する（P.187参照）

COLUMN プライベートIPアドレスとNAT

EC2のインスタンスに振られるのは、プライベートIPアドレスです。NATにより、グローバルIPアドレスに変換されます。リージョンごとに1つ用意されている「デフォルトのVPC」では、あらかじめNATが設定されており、グローバルIPアドレスも割り当てられます。

まとめ

- ソフトウェア的な作業は従来と同じ方法で操作する
- インスタンスやAMIを選ぶ
- 操作はマネジメントコンソールのダッシュボードから行う
- インスタンスはさまざまな項目を設定できる

Chapter 4　サーバーサービス「Amazon EC2」

22 インスタンスの作成と料金
～仮想サーバーの作成例

インスタンスの料金は、インスタンスやEBSの料金に、通信料を合算したものです。それぞれ計算が必要であるため、最初は慣れないかもしれませんが、料金見積りツールなどをうまく利用していくとよいでしょう。

● インスタンス作成の例

　EC2は自分で設定できる範囲が広いサービスです。ただそのため、「さあやってみよう」といわれても、何を決めればよいかわからないかもしれません。そこで、インスタンスの作成例を作りました。学習用のシンプルなサーバーなら、次の例を参考に考えていくとよいでしょう。

●インスタンスの作成例

● インスタンスの設定値例

項目	設定値の例
AMI	Amazon Linux 2
インスタンスタイプ	t2.micro（P.111参照）
リージョン	東京
インスタンス数	1
購入のオプション	なし
ネットワーク	デフォルトのVPC（P.174参照）
サブネット	優先順位なし（P.176参照）
配置グループ	なし
IAMロール	なし
シャットダウン動作	停止
削除保護の有効化	なし
モニタリング	なし
テナンシー	共有 - 共有ハードウェアインスタンスの実行
T2／T3無制限	なし
ストレージの容量と種類	8GBの汎用SSD
タグ	キーはName、値はYellow Serverなどサーバーの名称
セキュリティグループ	SSH（ポート22）、HTTP（ポート80）、HTTPS（ポート443）など

T2／T3無制限とは

　T2／T3無制限は、インスタンスタイプがT2またはT3の場合に限り表示される選択肢です。負荷が高まったときのバースト（一時的に高いパフォーマンスを出す機能）を無制限にすることが可能です。ただし通常のバーストを超えた利用については、別途料金がかかるため、常にサーバーに負荷がかかる使い方だと、予想以上の高コストになる場合があります。

● インスタンスの料金

インスタンスの利用料金は、次の**4項目の合計金額**です。使った分だけ支払うのが基本です。これを「オンデマンドインスタンス」[1]と言います。

単価はUSドルで提示されますが、日本円で支払えます。変動があるため、実際の料金はその都度、AWSのWebサイトでの確認が望ましいですが、おおよそインスタンスの単価は、t3.nanoで1時間あたり0.0068USドル程度です（2022年1月現在）。計算が面倒であれば、AWSの料金を試算するツール（P.026参照）を使うとよいでしょう。

料金 ＝ ①インスタンスの使用量 ＋ ②EBSの料金
＋ ③通信料金 ＋ ④その他オプション

---

①インスタンスの使用量（稼働している時間×単価）

インスタンスが稼働している秒単位で課金されます。停止している間はかかりません。従来、課金は1時間単位でしたが、2017年9月からは秒単位での課金となりました。単価はインスタンスタイプによって異なり、高性能であるほど高くなります。

②EBS（ストレージ）の料金（容量×単価）

インスタンスで利用するEBSの料金です。確保した容量単位の課金となり、ストレージの性能（SSDかHDDか、IOPSの保証をつけるか否かなど）によって、単価が変わります。確保した容量単位であり、保存している容量単位ではないので注意してください。インスタンスと異なり、停止している間も料金がかかります。

③通信料金（アウトバウンドの通信料金）

インスタンスとの通信料金です。インターネットからインスタンスに向けた方向（インバウンド）の通信費は無料で、インスタンスからインターネットに向けた通信（アウトバウンド）のみ、料金がかかります。料金は、

---

[1] 年間で割り引きを受け入れられるリザーブドインスタンスやAWS設備に余裕のあるときだけ使えるスポットインスタンスもある。

リージョンによって若干異なります。

④その他のオプション（インスタンスの専有など）
オプションを使う場合は、その料金が加算されます。

 AWS加入から1年間の特典

　AWS加入から1年間の特典として、t2.microを750時間分/月の範囲で、無償で使えます。750時間とは、おおよそ1台1カ月分です。ほかに、EBSを30GBまで、通信料金は15GBまで無償で使えます。

 EC2の不得意なこと／マネージドではないEC2

　かんたんで、選択の幅の広さが魅力的なEC2ですが、不得意なこともあります。
　たとえば、単純なサーバー1台で構成されており、あまり変化のないシステムであれば、AWSのよさを生かせないので、利用するメリットがあまりありません。また、EC2は、自分でまめに管理する前提なので、多少、運用の手間がかかります。「作りっぱなし」のシステムには向かないと覚えておきましょう。
　また、EC2はマネージドサービスではありません。そのため、素のEC2を使うとクラウドのメリットが活かされているとは言いがたく、最近では、ECSやEKSなどのコンテナサービスを組み合わせる例も多くなっています（P.233参照）。

 まとめ

- インスタンス作成時にはAMIやインスタンスタイプを選択する
- インスタンスの料金は設定によって異なる

Chapter 4 サーバーサービス「Amazon EC2」

23 Amazon マシンイメージ (AMI)
～ OS やソフトウェアがインストールされたディスクイメージ

Amazonマシンイメージ（以下、AMI）はEC2を支える大きな要素の1つです。AMIを使用すれば、同じインスタンスをかんたんに増産できます。同じインスタンスを複数使えるだけでなく、公式AMIを使用することで、手軽に作成することも可能です。

● AMIとインスタンス

Amazonマシンイメージ（AMI） とは、ソフトウェア構成を記録したテンプレートです。インスタンス（仮想サーバー）を作るための金型のようなもので、一度金型を用意すれば、いくつも同じ設定のサーバーを作ることができます。

● AMIはインスタンスを作るための金型のようなもの

金型から超合金ロボがたくさん作れるように

AMIから同じインスタンスが作成できる

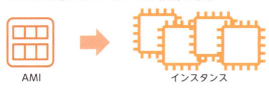

同じ設定のサーバーがいくつも作成できるということは、同じサーバーを複数用意したいときに便利ですし、作ったり壊したりもしやすいということです。とくに、ソフトウェアの設定までを必要とする場合に有効です。

サーバー1つずつに「サーバーOSを入れて、Apacheを入れて、ソフトウェアを入れて、それぞれすべてに設定をして」と、繰り返していくのは大変な手間ですが、AMIであれば、ものの数分で同じサーバーを作成できます。

- AMIなら同じ設定のサーバーがいくつも作成できる

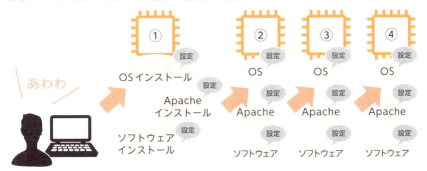

> **COLUMN** AMIとOS
>
> 　AMIは、サーバーのディスクの中身が丸ごと入っています。AMIからインスタンスを作成すると、すべてがコピーされます。そのため、どんなAMIにも必ずOSは入っています。なお、WordPressだけを書き込む、一部データのみを書き込むといったことはできません。

● 提供されるOSのイメージ

　AMIは、AWS公式のものだけではありません。OSやソフトウェアのコミュニティ、企業が作ったAMIも提供されています。こうしたAMIは、すぐに使える状態までセットアップされているケースも多く、新バージョンの提供も早いため、とても便利です。AMIによっては、利用に別途料金がかかるケースもあります。

● 主な AMI

AMI	内容
Amazon Linux	Amazon が提供する Red Hat Linux ベースの Linux
CentOS	CentOS Linux
Red Hat Enterprise Linux	Red Hat Linux
Debian GNU/Linux	Debian Linux
Ubuntu Server	Ubuntu Linux
SUSE Linux Enterprise Server	SUSE Linux
Microsoft Windows Server	Windows Server
LAMP Certified by Bitnami	Linux と Apache、MySQL、PHP サーバー
Tomcat Certified by Bitnami	Java サーブレットを動かす Tomcat サーバー
WordPress powered by AMIMOTO	ブログシステムの WordPress
Movable Type	ブログシステムの Movable Type
NGINX Open Source Certified by Bitnami	Web サーバーである Nginx サーバー
Redmine Certified by Bitnami	進捗管理ツールである Redmine サーバー
NextCloud Powered by IVCISA	ファイル共有ツールである NextCloud サーバー
SFTP Gateway	暗号化 FTP サーバー

● AMI の料金

　AMI によって、無償のものと有償のものがあります。たとえば、Microsoft が提供している Windows Server のように、もともと有償のソフトウェアは、AMI も有償です。

　なお、AMI を自分で作成する場合は、イメージの容量に応じた料金がかかります。

AMIを自作する

　AMIは、自作することもできます。同じ構成のサーバーを複製したり、構成のバックアップに使用したりするのに便利です。また、作成したAMIは、**マーケットプレイス**という場所で配布できます。AMIは、EC2インスタンスから作成します。ベースとなるインスタンスに、自分好みとなるように必要なソフトや設定をしたあと、AMIとして書き出します。

● 自作したAMIは複製や配布が可能

 マーケットプレイスとは

　マーケットプレイスとは、AWSにてAMIを配布できる場所です。有償、無償を問いません。現在、数千ものAMIが公開されており、インスタンス作成時に使用できます。
　有志の人やメーカー・コミュニティの人が作成したAMIがあります。ただ、必ずしも安全なAMIである保証はないので、配布元をよく確認して使用しましょう。

まとめ

- Amazonマシンイメージ（AMI）はOSやソフトウェアの構成を記録したテンプレート
- AMIを使えば同じ設定のサーバーがいくつも作成できる
- AMIを自作してマーケットプレイスで配布することも可能

Chapter 4　サーバーサービス「Amazon EC2」

24 インスタンスタイプ
~用途にあわせてマシンを選択

EC2には、さまざまなインスタンスタイプが用意されています。汎用的なものから、コンピューティング最適化の行われているもの、メモリ最適化が行われているものなど、複数から選択できます。インスタンスタイプにはサイズがあり、用途に合わせて選べます。

◎ インスタンスタイプとは

インスタンスタイプとは、マシンの用途です。CPU、メモリ、ストレージ、ネットワークキャパシティーなどが、用途によって組み合わされています。普段使うパソコンでも、「値段が高いけれど処理が速い」「処理はそこそこだが、値段が安い」など、スペックを選ぶように、サーバー用のマシンも性能を選ぶわけです。用途には5つの種別があり、それぞれ複数のインスタンスタイプが存在します。

●インスタンスタイプの用途とタイプ名

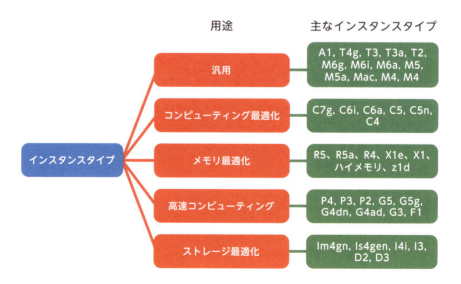

● インスタンスタイプとインスタンスサイズ

インスタンスタイプを選択したら、**インスタンスサイズ**を選びます。これは性能です。たとえば、「T2」という一時的に性能を上げるバースト機能に対応した汎用インスタンスタイプがありますが、T2には、「nano」「micro」「small」「medium」「large」「xlarge」「2xlarge」の7種類のサイズが用意されており、スケールに合わせて選ぶことができます。そのため、インスタンスを選択する場合は、「t2.micro」のように、タイプとサイズを連続で表記します。タイプとサイズによって単価は変わります。単価×使用時間が基本料金です。

● インスタンスタイプの表記例[1]

t2.micro

インスタンスタイプ（大まかな用途）

インスタンスサイズ（CPUや搭載メモリ容量などの性能）

● 主なインスタンスタイプ

用途	インスタンスタイプ	内容
汎用	T2, T3, T4g, M5, M4 など	一般的なサーバー。負荷が一定のサーバーのときに使う。バースト機能に対応しているタイプもある
コンピューティング最適化	C7g, C6i, C6a, C5, C4 など	計算機能が高いサーバー
メモリ最適化	X1e, X1 など	メモリのアクセス速度を向上したサーバー
	R5, R4	大容量メモリを搭載したサーバー
高速コンピューティング	P4, P3, P2, G3, F1	機械学習等で使えるGPUを搭載しているタイプや、グラフィック機能が高いタイプ
ストレージ最適化	H1, I4i, I3, D2 など	ストレージを最適化したタイプ

> ✏️ **まとめ**
>
> ▷ **インスタンスタイプとはマシンの性能であり用途によって選べる**
> ▷ **インスタンスにはタイプとサイズがある**

---

[1] インスタンスタイプ先頭のアルファベットはファミリー、数字は世代、小文字のアルファベットは追加機能を表すが、初心者のうちはまとめて「大まかな用途」と思っておけばよい。

111

Chapter 4　サーバーサービス「Amazon EC2」

25　Amazon EBS
～Amazon EC2のストレージボリューム

Amazon EBS（以下、EBS）はストレージボリュームです。EC2と組み合わせて使います。EBSにも種類があり、高パフォーマンスのものも低コストのものも、どちらも選択できるようになっています。また、SSDとHDDの両方が用意されています。

● Amazon EBS（イービエス）とは

Amazon Elastic Block Store（Amazon EBS） は、永続的なブロックストレージボリュームです。EC2インスタンスと組み合わせて使います。

ストレージとは、かんたんにいえばデータを記録する場所のことで、代表的なストレージはHDDやSSDです。ブロックストレージボリュームとは、データをバイトのブロック単位で保存する方式で、ディスクに保存する際の一般的な方式です。一方、同じAWSサービスであるAmazon S3は、オブジェクトストレージと呼ばれる方式をとっています。

EBSでは、HDDとSSDを選択することができます。HDDは大容量に対応しており、SSDに比べれば安価ですが、速度は劣ります。SSDは、やや値段が高くなりますが、IOPS（Input Output Per Secondの略。1秒間に処理できる入力出力の数）が高速です。高パフォーマンスならSSD、低コストならHDDがよいでしょう。

● HDDとSSDの違い

普通	読み書き速度	速い
普通	値段	高い
やや大きい	消費電力	普通
弱い	衝撃に対して	強い
冗長化されている	故障	冗長化されている

HDD
（ハードディスクドライブ）

SSD
（ソリッドステートドライブ）

● EBSのボリュームタイプ

HDD、SSDともに、IOPS保障やスループット最適化などのボリュームタイプがあり、パフォーマンスと料金のバランスを見て選ぶことができます。

● EBSの機能と料金

EBSには、便利な機能がいくつか用意されています。

● EBSの機能

エラスティックボリューム	ボリュームの大きさをかんたんに調整できる機能
スナップショット	その時点でのデータを丸ごと保存する機能
データライフサイクルマネージャー	スケジュールに従ってスナップショットを作成・削除する機能
最適化インスタンス	特定のインスタンスタイプを最適化インスタンスとして読み書きを高速化する機能
暗号化	データボリューム、ブートボリューム、およびスナップショットを暗号化する機能。KMS（AWS Key Management Service。キーを作成・管理できる機能）が使用できる

料金は、単価×確保時間で算出されます。確保した容量単位での課金（ギガバイト単位）です。つまり、使っていようがいまいが、確保した容量でお金がかかるということです。サーバー（インスタンス）を停止していても、料金がかかります。単価は、ディスクの種類によって異なります。

まとめ

▶ Amazon EBSはEC2（仮想サーバー）と組み合わせて使うストレージ

サービス名	Amazon EBS
URL	https://aws.amazon.com/jp/ebs/
使用頻度	★★★★
料金	確保した容量×時間
マネージドサービス ×	東京 ○・大阪 ○	VPC ○

Chapter 4　サーバーサービス「Amazon EC2」

26 SSHを使った アクセスとキーペア
〜公開鍵暗号方式を利用したアクセス管理

EC2であっても、サーバー上においたソフトウェアの管理は、SSHで行うのが普通です。そのときにキーペアというしくみを使用します。キーペアファイルは、紛失してしまうと、サーバ自体を作り直すことになるので、取り扱いには注意しましょう。

◎ SSHでの接続

　マシンスペックの上げ下げやバックアップなど、サーバー全体の操作はマネジメントコンソールで行います。しかし、サーバーにインストールしたソフトウェアの操作には、**SSH**というしくみを使ってリモート接続し、操作するのが通例です。

　そのためには、サーバー側でSSHを使用するためのプログラム（デーモン）を動かし、クライアント側には、操作するためのソフトウェアをインストールする必要があります。サーバー側では、SSHを使用するためのプログラムは、インストールせずともOSにすでに入っており、起動しています。クライアント側では、Putty（パティ）やTera Term（テラターム）というソフトウェアがよく使われています。

●サーバーにSSHで接続する

114

◯ キーペアとは

　キーペアとは、ログインする際の認証に使用する、公開鍵と秘密鍵のペアのことをいいます。公開鍵方式と呼ばれる、鍵をかけるキーと鍵を開けるキーを公開鍵と秘密鍵の組み合わせで行う方法です。自分以外に公開する鍵を「公開鍵（パブリックキー）」、自分だけが知っている秘密の鍵を「秘密鍵（プライベートキー）」と呼ばれる、この2つの鍵が1セットです。AWSでは、この2つが1ファイルとして扱われます。

　SSHでサーバー（インスタンス）に接続するときに、インスタンス側でキーペアに含まれる「公開鍵」を指定しておき、クライアント側のソフトウェアに、ダウンロードした「キーペアファイル」を「秘密鍵」として設定して使います。キーペアは、作成したときにだけダウンロードできるもので、再発行はできません。万が一、紛失してしまった場合は、サーバーを作り直すことになります。

　違うリージョンでは使用できませんが、同じリージョンのサービスであれば、共通のキーペアで利用することができます。料金はかかりません。

●キーペアを使用してサーバーにログインする

- SSHとはサーバーにインストールしたソフトウェアを操作するときに使用するしくみ
- キーペアとはSSH接続におけるアクセス管理を提供する

27 Elastic IP アドレス
～固定グローバル IP アドレスを付与

AWSでは、静的な（固定の）IPアドレスとして、Elastic IPアドレスを提供しています。Elastic IPアドレスは、AWSアカウントに結び付けられるため、インスタンスを削除しても使い続けることができます。

● Elastic IP（エラスティックアイピー）アドレスとは

Elastic IPアドレスは、AWSが提供する静的なグローバルIPv4アドレスです。EC2のインスタンスは、停止して起動し直すと、グローバルIPアドレスが変わってしまいます。これでは、サーバーとして使用するのに問題があります。そこで、固定のIPアドレスをインスタンスに結び付ける必要があり、このときに固定IPとして使われるのがElastic IPアドレスです。

● EC2は停止するとグローバルIPアドレスが変わってしまう

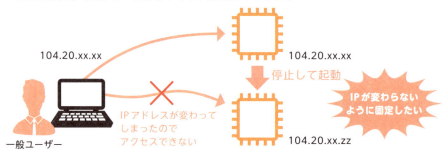

● Elastic IPアドレスの確保と結び付け

Elastic IPアドレスは、AWSアカウントに結び付けられます。インスタンス単位ではないので、IPアドレスを割り当てたインスタンスを削除しても、確保したIPアドレスは、そのままそのAWSアカウントが持ち続けることができます。確保しているIPアドレスは、別のインスタンスやネットワークに結び付け直すこともできます。

● Elastic IPアドレスはAWSアカウント単位の契約である

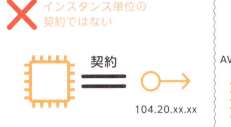

　なお、インスタンスに最初に割り当てられているグローバルIPアドレスは、Elastic IPアドレスを割り当てると、AWSのパブリック IPv4 アドレスのプール（インスタンスに割り当てるために確保されているIPアドレス）に戻されます。割り当て済みのIPアドレスを Elastic IPアドレスとして使用することもできません。また、Elastic IPアドレスは、リージョンごとのものなので、別のリージョンで確保したElastic IPアドレスを使用することはできません。

◯ Elastic IPアドレスの料金

　Elastic IPアドレスの料金は、やや特殊です。基本的には無料ですが、**確保しているだけでインスタンスやネットワークに結び付けていない場合や、結び付けていてもインスタンスが停止している場合なども、料金がかかります**。そのため、使わなくなったIPアドレスは、プールに戻しておくのがよいでしょう。

Chapter 4　サーバーサービス「Amazon EC2」

28 Elastic Load Balancing
～トラフィックを振り分ける分散装置

AWSは、ロードバランサーとして、Elastic Load Balancing（以下、ELB）を提供しています。ロードバランサーを使って、トラフィックをうまくさばくことで、安定したサーバー運用が望めます。

● ELB（イーエルビー）とは

Elastic Load Balancing（ELB）は、AWSが提供するロードバランサーです。ロードバランサーとは、サーバーに集中するアクセス（トラフィック）を、複数のサーバーやネットワークに振り分けるしくみです。1つのサーバーにかかる負荷を分散させるので、**負荷分散装置**ともいいます。

● ロードバランサーによるアクセスの振り分け

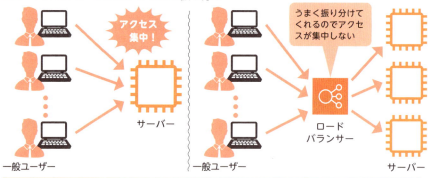

● ELBの種類

ELBには、ALB、NLB、CLBの3種類があります。

● ALB（Application Load Balancer）
　HTTPおよびHTTPSに最適なロードバランサーです。OSI参照モデルにおけるアプリケーション層（具体的な通信を提供する層）で動きます。要求コマンドなどの命令内容を見て判断するので、宛先のURLのディレクトリ単位で振

118

り分けるようなこともできます。

インスタンスと、ロードバランサーとの通信を暗号化できるのも特徴の1つ
です。ただし、振り分け先として静的IPアドレスを設定し、そのIPを持つホ
スト（機器）へ転送するようなことはできません。

対応プロトコル：HTTP、HTTPS

● NLB（Network Load Balancer）

OSI参照モデルにおけるトランスポート層（送信されたデータの制御を担う
層）で動きます。パケットと呼ばれる断片データしか見ないので、ALBほどの
細かい振り分けはできません。かわりに、振り分け先として静的IPアドレス
を設定できたり、サーバーにアクセスしてきたクライアント側のIPアドレス
をそのままサーバーに伝える設定にしたりできます。

対応プロトコル：TCP、TLS

● CLB（Classic Load Balancer）

古いタイプのロードバランサーです。対応するプロトコルが多いのが特徴で
すが、これから作るシステムでは使わないようにしましょう。

対応プロトコル：TCP、SSL/TLS、HTTP、HTTPS

○ ELBの料金

ALBとNLBの料金は、時間あたりの使用料金と、LCU（ロードバランサーキャ
パシティーユニット）料金の合計で算出されます。参考として、ALBの単価は
1時間あたり0.0243USドル、LCU料金は1時間あたり0.008USドル程度です
（2022年1月現在）。

料金＝①使用料金＋②LCU料金

①使用料金（使用単価×時間）
　使用料金は、ELBの種類ごとに単価が決まっており、それに時間をかけ
　た金額です。

②LCU料金（LCU使用量×LCU単価×時間）

LCU料金は、使用状況の4つの項目についてLCU使用量が「何LCU」に
あたるかを換算し、1番大きな項目だけを課金の対象とします。こちら
もLCU使用量と、単価に時間をかけて算出します。

LCU料金を算出するには、まずLCUの4つの項目についてLCU使用量を換
算し、比較する必要があります。4つの項目とは、次のとおりです。

● LCUの4項目

①新しい接続
(1LCU＝1秒あたり25個の新しい接続)

1秒あたりの新たに確立された接続数。かんたんにいうと、PCやスマートフォン、サーバーなどが新しくアクセスしてきた数。

②アクティブ接続
(1LCU＝1分あたり3,000個のアクティブ接続)

1分あたりのアクティブな接続数。つまり、現在つながっている接続の数。

③処理した量
(1LCU＝1時間あたり1GB)

ロードバランサーによって処理されたHTTP（S）リクエストと応答のバイト数。Lambda関数がターゲットの場合は、1LCU＝1時間あたり0.4GBで換算。

④ルール評価
(1LCU＝1秒あたり1,000個のルール評価)

ロードバランサーにより処理されたルールの数とリクエストレート（1秒間に送られたリクエスト数）の積。最初に処理される10個のルールは無料。

● 料金の算出例

表のようなロードバランサーの使用例があったとします。LCU使用量に換
算した結果を求めるには、次のような計算式を使用します。

● ロードバランサーの使用例

項目	例	LCUに換算した結果
新しい接続	平均1個/1秒	0.04 LCU
アクティブ接続	120個のアクティブ接続/1分	0.04 LCU
処理した量	平均1.08GBのデータが転送/1時間	1.08 LCU
ルール評価	最大250個/1秒	0.25 LCU

LCU使用量の算出方法

- 新しい接続 : 1秒あたりの新しい接続数÷25
- アクティブ接続 : 1分あたりのアクティブ接続数÷3000
- 処理した量 : 1時間あたりの処理量÷1GB
- ルール評価 : 1秒あたりの（処理ルール－10）×リクエスト数÷1000

計算すると、1.08LCUである「処理した量」がもっとも数値が高いので、これが料金を算出する対象とされます。

ALB・NLB料金＝①使用料金＋②LCU料金

①使用単価×時間　　②LCU使用量×LCU単価×時間

- 新しい接続　　　0.04 LCU
- アクティブ接続　0.04 LCU
- 処理した量　　　1.08 LCU
- ルール評価　　　0.25 LCU

これが最大値なのでこの数値を使用

COLUMN　CLBの料金

CLBの場合は、料金計算はかんたんです。使用料金（使用単価×時間）と、処理料金（処理単価×処理量）の合計で求められます。

まとめ

▶ **Amazon ELBはロードバランサー（サーバーにかかる負荷を分散する機能）を提供する**

サービス名	Amazon ELB
URL	https://aws.amazon.com/jp/elasticloadbalancing/
使用頻度	★★★
料金	使用料金＋LCU料金

マネージドサービス ○　　東京 ○・大阪 ○　　VPC ○

Chapter 4　サーバーサービス「Amazon EC2」

29 スナップショット
～サーバーのデータをバックアップ

スナップショットを作成することで、Amazon EBSボリュームのデータを Amazon S3にバックアップできます。作成されたスナップショットは、すぐに使用できるレプリカであり、バックアップとしても使われます。

○ スナップショットとは

スナップショット（snapshot） とは、ある時点でのサーバーのディスク状態を丸ごと保存した、ファイルやフォルダなどの集合です。丸ごとですから、データやソフトウェアだけではなく、OSや設定情報などすべてを含みます。

スナップショットは、ソフトウェアやOSの更新時に、何かあったときにすぐ戻せるようにバックアップとしてとることが多いですが、AWSでは自作のAMIを作るためにも使われます。

●スナップショットはある時点でのサーバーの状態

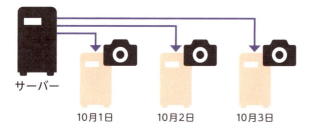

AWSでは、Amazon EBSボリュームのデータをスナップショットとして保存することができます。ただ、1度目は丸ごと保存しますが、2度目以降は、差分（増分）で保存します。増分での保存はスナップショットのコストが高くならないように、というAmazonの親切心なのでしょう。そのため、スナップショットを削除すると、そのスナップショット固有のデータのみが削除されます。これは、1度目のデータに関しても同じで、2度目のデータとの差を見て、1度目固有の部分のみを消去します。

● EBSスナップショット作成の使い方

スナップショットはマネージドコンソールからボリューム単位（ストレージ丸ごと）で選択し、作成します。この作成したスナップショットを元にEBSボリュームを作れば、新しいボリュームは、元となったボリュームのコピーとなるわけです。

AMIを作成したい場合は、スナップショットから作成します。

なお、データライフサイクルマネージャー（Amazon DLM）を使用すると、スナップショットの作成・削除を自動化できます。スナップショットを定期的に作成することで、サーバーが壊れてしまったときのリスク対策になります。

スナップショットの料金は、作成したスナップショットの分量単位（GB単位）でかかります。

スナップショットの保存先

スナップショットのデータ保存先はAmazon S3ですが、スナップショットのファイルをユーザーが自由にダウンロードできるわけではありません。ユーザーがS3を使用するときの領域とは別の、見ることができない場所に保存されます。そのかわり、S3料金もかかりません。

まとめ

▶ **スナップショットはある時点でのサーバーディスク状態を保存する機能**

サービス名	スナップショット
URL	https://docs.aws.amazon.com/ja_jp/AWSEC2/latest/UserGuide/EBSSnapshots.html
使用頻度	★★★
料金	スナップショットの容量
マネージドサービス ×	東京 ○・大阪 ○	VPC ○

Chapter 4　サーバーサービス「Amazon EC2」

30 Auto Scaling
～需要に合わせて EC2 の台数を増減

AWSの利点の1つは、柔軟性が高いことです。インスタンスを増やしたり減らしたりすることが容易にできます。こうしたインスタンスの増減を、自動で行うのがAuto Scaling（オートスケーリング）です。

◎ Auto Scalingとは

Auto Scaling（オートスケーリング）とは、サーバーへのアクセス状態によって、サーバーの台数を増やしたり減らしたりする機能です。EC2以外のサービスに対応したAuto Scalingもあります。

AWSでは、EC2 Auto Scalingを単体で使用するばかりではなく、CloudWatchからサーバーの負荷情報（CPU負荷、ネットワーク通信量など）データを参照して、スケーリングに役立てることもできます。

● アクセス状態によってサーバーが増減する

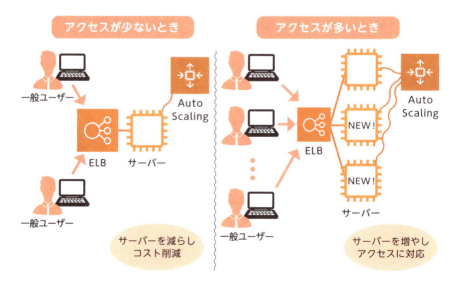

◯ 監視とインスタンス数の決定

Auto Scalingを開始するためには、「Auto Scalingグループ」（インスタンスの集合）を作成し、グループにインスタンス（サーバー）の最小数と最大数を設定します。すると、その範囲でインスタンスの数が増減します。Auto Scalingグループには、起動する際に必要なAMIやキーペア、セキュリティグループなどを設定しておきます。

インスタンスの増減には、3つの方法があります。

①EC2インスタンスが停止した場合に、切り離して新しいEC2インスタンスを作る方法
②スケジューリングに基づきスケーリングする方法
③CPUやネットワークの負荷を参照し、あるしきい値を超えたときにインスタンスの数を自動的に増減する方法

Auto Scalingの料金は無料です。ただしCloudWatchを使用する場合、モニタリングに関する料金はかかります。

まとめ

▶ **Auto Scalingはアクセス状態に応じてサーバー台数の増減を行う機能**

サービス名	Auto Scaling
URL	https://aws.amazon.com/jp/ec2/autoscaling/
使用頻度	★★★
料金	Auto Scaling自体は無料。スケールアップによるAmazon EC2やAmazon CloudWatchなどのサービス増加分料金
マネージドサービス ◯	東京 ◯・大阪 ◯　　VPC ◯

COLUMN 組み合わせやすいAmazon EC2

　Amazon EC2は、別サービスと組み合わせて、システム全体を構築するケースも多くあります。よく組み合わせるサービスとしては、Elastic IPアドレス、EBS、ELBのほかに、S3（ストレージサービス）やRDS（データベースサービス）などがよく使われます。

● EC2の機能と他サービスの連携

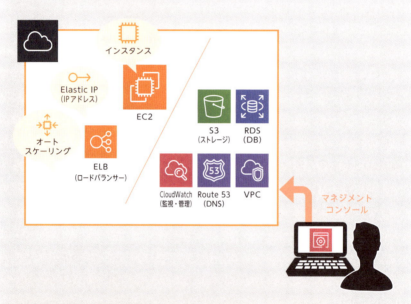

● EC2と連携することが多いAWSのサービス

項目	内容
Amazon S3	インターネット用のストレージサービス
Amazon RDS	リレーショナルデータベースサービス
Amazon CloudWatch	モニタリング・管理サービス
Amazon Route 53	DNSサービス
Amazon VPC	仮想プライベートクラウド

5章

ストレージサービス「Amazon S3」

「Amazon S3」は、AWSで提供されているストレージサービスです。S3は、ただのストレージサービスではありません。非常に堅牢かつ、インテリジェントで、ファイルを置くだけでなく、便利な機能が各種用意されています。

Chapter 5　ストレージサービス「Amazon S3」

31 Amazon S3とは
~高機能で使いやすいストレージサービス

Amazon S3(以下、S3)はオブジェクトストレージサービスです。S3は、単なるストレージではなく、設定すると、静的Webサーバーとして公開できたり、クエリが使用できるなど、便利な機能が数多く用意されています。

● Amazon S3(エススリー)とは

Amazon Simple Storage Service(Amazon S3) は、インテリジェントな**オブジェクトストレージサービス**です。オブジェクトストレージとは、データをオブジェクト単位で管理する形式を指します。Webサーバーや社内のファイルサーバーのように、インターネット上にデータを保存する場所が借りられます。容量制限はないので、「将来を見越して多めに借りる」必要はなく、ミニマムでスタートできます。

S3の大きな特徴は、**多機能であることです**。誰でもかんたんに扱えるようにさまざまな機能が用意されています。**代表的な機能は、Webサーバー機能(P.144参照)と、クエリ機能(P.160参照)です**。手軽に、Webサーバーを構築したり、クエリで集計したりすることができます。もちろん、クラウドであるためスケールアップ・ダウンも容易です。使用する分だけ払えばよいので、初期投資も最小限で済みます。

● Amazon S3の概要

● 堅牢でインテリジェントなストレージサービス

　S3は、多彩な機能を備えているだけでなく、使いやすく、堅牢であることも大きな特徴です。

● S3は堅牢なサービス

● S3の特徴

スケーラビリティ
EC2と同じくスケールアップ・ダウンがしやすくなっています。使用場面に応じたストレージクラスが複数用意されており、ライフサイクルポリシーを使用すれば、自動的に移行することも可能です。

可用性・耐久性
99.999999999%（イレブンナイン）のデータ耐久性をうたっており、障害やエラー、脅威に対して強い特徴があります。S3オブジェクトは、最低3つのアベイラビリティーゾーンに自動的に複製して保存されているため、どれか1つに障害があっても、使い続けることができます。

信頼性
暗号化機能とアクセス管理ツールがあり、攻撃から守りやすくなっています。各種コンプライアンスに適合していることや、監査機能が充実していることも魅力でしょう。

豊富な管理機能
ストレージクラス分析、ライフサイクルポリシーなどをはじめとした各種管理機能が用意されています。管理機能を使えば、実際の使用方法にフィットしたストレージクラスの選択が可能です。

インテリジェントな機能
S3 Selectというデータのクエリを実行する機能やサービスがあります。ほかにAmazon Athena、Amazon Redshift Spectrumなどの分析サービスとも互換性があり、AWS Lambdaとの連携も可能です。

※各種コンプライアンス…PCI-DSS、HIPAA/HITECH、FedRAMP、欧州連合（EU）データ保護指令、およびFISMAなどのコンプライアンスプログラムを維持しています。

● 料金体系

S3の料金は、ストレージクラス（ストレージの種類）やリージョンによって異なりますが、基本的な計算式は同じです。**「保存している容量」**と**「転送量」に基づいて従量課金**されます。参考として、S3標準ストレージの保存容量にかかる料金は1カ月1GBあたり0.025USドル程度です（2022年1月現在）。

● S3の料金体系

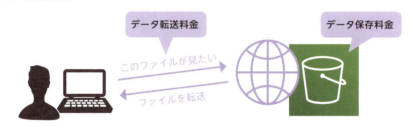

---

①保存容量

S3に保存した容量に対してかかる料金です。ストレージクラスによって、日割りの場合と、30日単位、90日単位、180日単位の場合など、計算方法は異なります。また、ストレージクラスによっては最小キャパシティー料金が設定されており、そのサイズに満たないファイルでも、切り上げてその料金分が請求されます。

②転送量

S3からファイルを取り出したり、命令を送ったりするときにかかる料金です。取得のリクエスト（GET）や設置のリクエスト（PUT）に対して1GB単位で課金されます。

◯ 転送量の考え方

転送量を考える上で重要なのが、「リクエスト」と「アップロード」、「ダウンロード」です。

①取得のリクエスト（GET）とダウンロード

取得のリクエスト（GET）とは、「このファイルが欲しい」「このページが見たい」とサーバーに送る命令をいいます。ダウンロードのことです。

● 取得のリクエストを送信し、該当データをダウンロードする

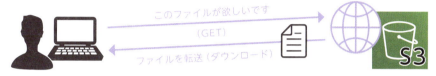

②設置のリクエスト（PUT）とアップロード

設置のリクエスト（PUT）は、「このファイルを置きますよ」とサーバーにファイルを送る命令です。ファイルを置く場合は、アップロードです。

● 設置のリクエストを送信し、該当データをアップロードする

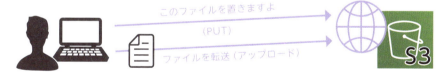

まとめ

▶ Amazon S3はストレージ（データを保存する場所）を提供する

Chapter 5 ストレージサービス「Amazon S3」

32 ストレージクラス
〜多様なストレージの種類

S3で用意されているストレージクラスには、標準のもの以外にも、アクセス頻度によって振り分けられるものや、低コストのもの、アーカイブに特化したものなど、各種用意されています。

● ストレージクラスとは

　S3では、借りられるストレージの種類が各種用意されています。ストレージの種類のことを、**ストレージクラス**といいます。

　ストレージクラスには、標準のほかに、アクセスパターンに応じて階層（コストが異なる層のこと）を移動できるクラスや、あまりアクセスしないデータに適したクラスなどがあり、ユーザーの使用方法にあわせて選べます。また、**バケット**（オブジェクトを格納するコンテナ）単位ではなく、オブジェクト（ファイル）単位でクラスを選択できます。

　ストレージクラスは、状況に応じて変更できるのも大きな利点です。変更は手動でも行えますが、ライフサイクルポリシー（詳細は後述）を設定すれば、自動で行うことも可能です。

●ストレージクラスはユーザーの使用方法によって選べる

標準

状況によって階層を変えられる

保存は安いが転送量は高い

アーカイブに使うのに向いている

どれがいいかな？

○ ストレージクラスの種類

ストレージクラスには、標準のほか、Intelligent-Tieringや低頻度アクセス用などが用意されています。耐久性はどのストレージクラスも、99.999999999%（イレブンナイン）をうたっています。標準クラス以外は、最小ストレージ期間料金が設定されており、標準クラス、Intelligent-Tiering以外は、最小キャパシティー料金および取り出し料金が設定されています。

①標準

標準は、最もスタンダードなストレージクラスです。3つ以上のAZ（アベイラビリティゾーン）にデータが保存されるため、99.99%の可用性（システムが稼働し続けること）が保証されています。データの取り出しに料金はかからず、最小キャパシティー（最小量）料金なし、日割り計算なので、シンプルで使いやすいクラスです。

②Intelligent-Tiering（インテリジェントティアリング）

S3 Intelligent-Tieringでは、高頻度・低頻度それぞれに最適化された2つの階層にオブジェクト（ファイル）を保存します。どちらに保存するかは、オブジェクトごとにモニタリングされ、その結果に応じて自動的に移動されます[1]。

たとえば、30日間連続してアクセスがなかったオブジェクトは低頻度層に移動されますし、そのオブジェクトがアクセスされるようになれば、また高頻度層に移動されます。このクラスでは、取り出し料金はかかりません。また、アクセス階層間移動も課金されません。よく使うファイルとあまり使わないファイルが混在していて、頻度が変わるような使い方をするときにコストを抑えられます。基本的には、標準と同じですが、モニタリングのための追加費用が若干かかります。

● アクセス頻度によって2つの階層を移動する

高頻度アクセス階層 →

低頻度アクセス階層 →

アクセス頻度によって
階層を移動させる

※1）追加の設定をすると、長期保存に適したGlacierやGlacier Deep Archiveと同等の2層に移動することもできる。

③低頻度アクセス

　標準のクラスに比べ、保存料金が安価に設定されている代わりに、アクセス
の料金が若干高く設定されています。そのため、アクセス頻度は低いものの、
容量が多いデータなどに適しています。

　また、同じ低頻度アクセスでも、「標準−低頻度アクセス」と「1ゾーン−低
頻度アクセス」では、保存に使用されるAZ（アベイラビリティゾーン）の数が
違います。標準の場合は、少なくとも3つ以上のAZに保存されますが、1ゾー
ンは、1カ所のみです。

　1ゾーンの場合、その地域に物理的なトラブルが起こると、データが失われ
る可能性があります。低価格で保存できますが、絶対に失われてはならないよ
うなデータの保管には向きません。

④低冗長化ストレージ（RRS）

　低冗長化ストレージ（RRS）は、正確には ストレージクラスではなくそのオ
プションという扱いですが、1種類しかないため、実質はストレージクラスの
1つと考えてよいでしょう。標準に比べ、冗長化のレベルを下げることで、低
価格での提供を実現しています。保存されるAZは1カ所なので、何かトラブ
ルがあった場合には、データが失われる可能性があります。

●標準・低頻度アクセスと低冗長化ストレージとの違い

標準	標準-低頻度アクセス	低冗長化ストレージ
耐久性高い（99.999999999%）	耐久性高い（99.999999999%）	耐久性やや劣る（99.99%）
可用性高い（99.99%）	可用性やや低い（99.9%）	可用性高い（99.99%）

⑤S3 Glacier／S3 Glacier Deep Archive

　Glacierは、データアーカイブ、および長期バックアップを意識して作られた
ストレージクラスです。ほかのクラスと同じ99.999999999%の耐久性ながら、
低価格であるため、大量のデータを低コストで保存することができます。

　データは「ボールト」というコンテナに格納されます。そのため、保存したデー
タを読む場合は、ほかのS3バケットへの取り出し操作が必要になります。この
処理には数時間かかります。レンジ取り出しで、一部のデータだけ取り出すこ

ともできますが、基本的には丸ごと取り出します。取り出した場合は、Glacier上のデータと、取り出し先のデータ両方の保存料金がかかるので、注意してください。Glacier Deep Archiveは、取り出しにさらに時間がかかるけども安価にしたものです。

●標準クラスとGlacierクラスの違い

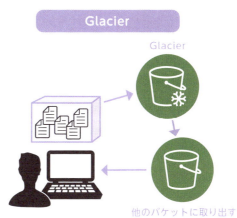

まとめ

▶ ストレージクラスはS3で借りられるストレージの種類

サービス名	ストレージクラス
URL	https://aws.amazon.com/jp/s3/storage-classes
使用頻度	★★
料金	ストレージクラスの種類による
マネージドサービス ○	東京 ○・大阪 ○　　VPC ✕

▶ Glacierは長期バックアップを目的として作られたストレージクラス

サービス名	S3 Glacier
URL	https://aws.amazon.com/jp/s3/storage-classes/glacier/
使用頻度	★★
料金	ストレージ使用量+データ取り出し量+データ取り出しリクエスト+データ転送+Glacier Select
マネージドサービス ○	東京 ○・大阪 ○　　VPC ✕

Chapter 5　ストレージサービス「Amazon S3」

33　S3を使用する流れ
～ストレージサービスを使うまで

S3では、ファイルをバケットに置きます。また、バケットに置くファイルのことを、オブジェクトと呼びます。オブジェクトは、バケットとオブジェクトキー、バージョンで管理されるため、こうした用語を押さえておきましょう。

● S3の操作

　バケット（オブジェクトを格納するコンテナ）の作成や各種設定など、基本的なS3の操作は、マネジメントコンソールのS3ダッシュボードから行います。オブジェクト（ファイル）のアップロードも行えます。ただし、S3の場合は、日常的なファイルのアップロードを、毎回マネジメントコンソールにログインして行うのは不便なので、APIやSDKを利用してアップロードもできるようになっています。また、AWS Transfer Familyを使うと、SFTP（SSHで暗号化されたファイル転送のプロトコル）でもアクセスできます。

●S3の操作は各種ツールも使用できる

 APIとSDK

　APIとは、ソフトウェアがやりとりするための仕様（手順やデータの形式など）です。SDKとは、ある特定のソフトウェアを開発する際に必要なプログラムをまとめた開発ツールです。APIとSDKともに、マネジメントコンソールでできることは、すべて実施可能です。

● S3サービスの機能

S3では、「オブジェクト」「バケット」「オブジェクトキー」など、いささか聞き慣れない言葉が出てきます。用語をしっかり押さえておきましょう。

● S3サービスの用語

項目	内容
オブジェクト	S3で扱うエンティティの単位。わかりやすくいえば、テキストや画像などのファイルのことを指す（P.140参照）
バケット	オブジェクトを格納するコンテナ。すべてのオブジェクトはバケットに格納される（P.140参照）
バケット名	S3バケットの名前は、ほかのAWSユーザーも含めて、唯一無二の名前でなければならない。もしWebサーバーとして使用する場合は、ドメイン名をバケット名とする（P.141参照）
オブジェクトキー	オブジェクトの識別子。すべてのオブジェクトは、必ず1つのキーを持つ。「バケット」「オブジェクトキー」「バージョン」の組み合わせによってオブジェクトを一意に識別する。実質的には、名前のようなもの
オブジェクトメタデータ	名前と値のセットのこと。オブジェクトのアップロード時に設定できる。オブジェクトキーはS3がファイルを識別するためのデータだが、メタデータは、人間がファイルを管理しやすくするためのデータと考えるとわかりやすい
リージョン	バケットの物理的な保存場所のある地域（P.090参照）
Amazon S3のデータ整合性モデル	S3では可用性を保つために、データを自動的に複製して保存しているが、書き込みのタイムラグによるデータの不整合があってはならないので、データの整合性を保証している。すべての複製に反映されるまでにやや時間がかかることもある
バージョニング	複数のバージョンを保管すること。異なるバージョンは、別のオブジェクトとして扱うことができる（P.156参照）
ログ	バケット単位および、オブジェクト単位でのログを記録できる。ただし、オブジェクトレベルの場合は有料（P.152参照）
暗号化	S3に保存されたデータを自動的に暗号化できる
アクセス制御	S3バケットに対する権限を設定できる（P.142参照）
Webサイトホスティング	S3のバケットをWebサイトとして扱う機能（P.144参照）

5

ストレージサービス［Amazon S3］

137

◎ S3を使用する流れ

　S3を使用するには、EC2と同じく、マネジメントコンソールからS3ダッシュボードを開いてバケットを作成します。S3はマネージドサービスなので、基本的には、ダッシュボードから操作します。EC2のように、SSHでは接続しません。また、FTPにも対応していません。

　ダッシュボード以外から接続する場合は、S3に対応した専用ツールを使用します。

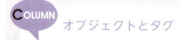
● S3を使用する流れ

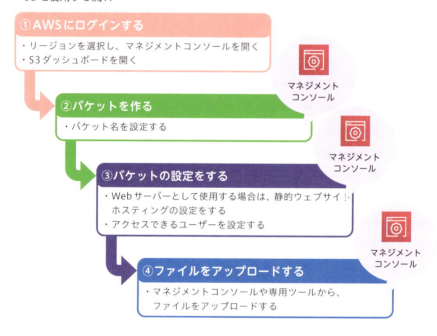

COLUMN　オブジェクトとタグ

　オブジェクトにはタグを付けられます。このタグは、オブジェクトを探すときに使用するほか、プログラムに渡す設定値として使われることもあります。

● S3バケット作成前に検討しておくべきこと

 S3バケット（オブジェクトを格納するコンテナ）は、作成した後に名前やリージョンを変更することはできません。作成前に、どのようなS3バケットを作るのか、しっかりと検討しておくことが重要です。

 必ず決めておきたいのが用途です。ミニマムで始められ、後から変更できるのがクラウドサービスではありますが、S3バケットをWebサーバーとして使用するのであれば、ほかの用途と比べて違う点が多々あります[※1]。

 Webサーバーとして使用する場合、バケットの公開や、ドメイン、匿名アクセスの許可などがポイントです。もし、事前に決めづらい場合は、テスト用のバケットを作成してみて、あらためて本番ストレージを作成するのもよいでしょう。ただし、テスト用であっても、秘匿性の高いWebサイトを誤って公開することがないように、十分に注意してください。

● S3バケット作成前に検討すること

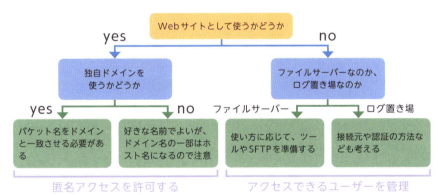

まとめ

- S3の操作はマネジメントコンソールのダッシュボードから行う
- S3の機能にはバケットやオブジェクトキーなどがある
- S3は作成後に名前やリージョンを変更できない

※1) S3バケットはWebサーバーとして使用することもできる（P.144参照）

Chapter 5 ストレージサービス「Amazon S3」

34 オブジェクトとバケット
〜ファイルとファイルの格納場所

バケット名は、S3内で唯一の名前である必要があります。ほかのAWSユーザーが使っているものは使用できません。このほか、DNS命名規則に従って名付ける必要があるなど、いくつかのルールがあるので注意しましょう。

● オブジェクトとバケットとは

バケットとは、Windowsでいうところのドライブで、**オブジェクト**とは、ファイルのようなものです。**バケットはフォルダではないので、バケット内にさらに子バケットを作ることはできません。**バケットは、AWSアカウント1つにつき、100個まで作成できます（申請すると、最大1,000まで増やせます）。また、オブジェクトもただのファイルではなく、管理のためのメタデータが付いています。1つのバケットに保存できるオブジェクトの数に制限はなく、総容量制限もありません。

●オブジェクトとバケット

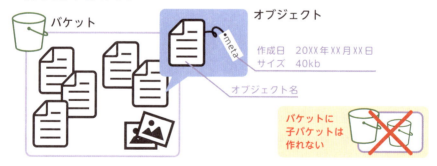

S3はオブジェクトストレージなので、本来はフォルダやディレクトリという概念はありません。オブジェクトは、バケット内に階層ではなく並列に置かれます。ただ、それだと不便な点も多いので、コンソールでアクセスすると、フォルダ形式で表示されるようになっています。フォルダの作成、削除、アップロード、ダウンロードも可能です。

● バケット作成と命名規則

　バケットを作成したら、リージョンやバケット名の変更はできないので、慎重に決めましょう。とくにバケット名は、S3内で唯一の名前である必要があります。ほかのS3ユーザーが使っているバケット名は使用できません。リージョンを変更したい場合、同じ名前では作成できないので、一度バケットを削除してから新しいバケットを作成する必要があります。また、バケットには命名規則があります。

●代表的なバケットの命名規則

まとめ

- ▶ ドライブをS3では「バケット」という
- ▶ ファイルをS3では「オブジェクト」という
- ▶ バケットには命名規則がある

Chapter 5 ストレージサービス「Amazon S3」

35 バケットポリシーと ユーザーポリシー
～アクセス制限の設定

S3では、バケットポリシーやユーザーポリシーによって、バケットへのアクセスを制限できます。アクセスの制限は、リソースやアクションなどを指定でき、誰が何に対して何をどうできるのかを指定できます。

○ S3バケットへのアクセス制限

　S3バケットにはアクセス制限をかけることができます。制限をかけるには、3種類の方法があります。バケット単位で制限する**バケットポリシー**、IAMユーザー単位で制限する**ユーザーポリシー**、**ACL（アクセスコントロールリスト）**による管理の3種類です。

　バケットポリシーは、該当のバケットにアクセスできるユーザーを指定します。逆に、ユーザーポリシーは、アクセスできるバケットを指定します。対象のユーザーが多いときはバケット、バケットが多いときはユーザーで指定するとよいでしょう。

　ACLとは、自分以外のほかのAWSアカウントに対して、「読み取り／書き込み」それぞれの操作を「許可」もしくは「拒否」に設定できる一覧表のことです。

■バケットポリシーとユーザーポリシー

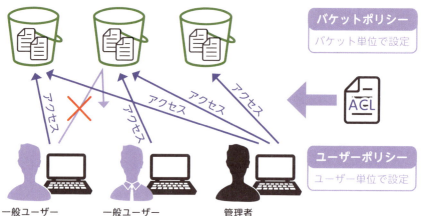

アクセス制限の対象と内容

アクセス制限で設定できることは、**リソース**、**アクション**、**エフェクト**、**プリンシパル**です。カタカナでは若干わかりにくいかもしれませんが、つまりは「誰が」「何を」「何に対して」「できるのかできないのか」を決める機能です。

●アクセス制限で設定する項目

項目	内容
リソース	制限の対象となるバケットやオブジェクト。Amazonリソースネーム（ARN）を使って、対象を識別する
アクション	実際にできる行動のことで、GET（取得）、PUT（配置）、DELETE（削除）など。アクションキーワードを使って指定する
エフェクト	設定する可否のこと。許可（Allow）もしくは拒否（Deny）を指定する
プリンシパル	許可もしくは拒否するユーザーやアカウント、サービスなど

●S3のアクセス制限を設定できる

まとめ

▶ バケットポリシーはS3バケットにアクセス制限を設定する機能

Chapter 5 ストレージサービス「Amazon S3」

36 Webサイトホスティング
~Webサイトの公開

S3はただのストレージサービスではなく、便利な機能が多く搭載されています。その最たるものが、Webサイトホスティング機能でしょう。S3で作成したバケットをそのままWebサイトとして公開できます。

● Webサイトホスティングとは

　S3では、**静的Webサイトをホスティングすることができます**。静的Webサイトとは、サーバー上でスクリプト処理をしないサイトであり、たとえば、単純なHTMLと画像だけで作られているWebサイトを指します。静的WebサイトにはJavaScriptなどのクライアント側で処理されるスクリプトが含まれることもあります。反対に、動的Webサイトとは、PHP、JSP、ASP.NETなど、サーバー側の処理が必要な言語を含むサイトを指します。

　静的Webサイトをホスティングするには、バケットをそのままWebサイトとして公開します。URLを設定し、バケットを誰でもアクセスできるようにするということです。

● S3をWebサーバーとして使う

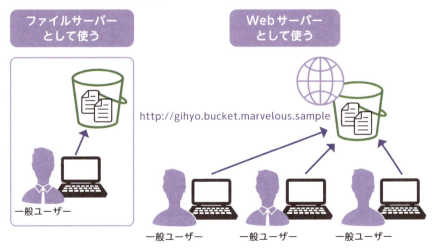

● Webホスティングで必要な設定

Webサイトとしてバケットを公開するには、バケット作成時や作成後に、いくつか必要な設定があります。

・静的Webホスティング（スタティックWebホスティング）を有効にする
・ブロックパブリックアクセスのブロックを解除する
・バケットポリシーを「全ユーザーを許可」に設定する
・バケット名として、使用したいドメイン名を指定する
・独自ドメインで運用したい場合は、Amazon Route 53などのDNSサービスを使って設定する

バケットは、デフォルトでは第三者がアクセスできないので、ブロックパブリックアクセスとバケットポリシーを設定して、アクセスを許可する必要があります。逆に、許可すると、配置したファイルは誰もがアクセスできるようになるので、セキュリティには十分に注意してください。

● バケット名とURL

http://gihyo.bucket.marvelous.sample

この部分をバケット名として指定する

バケット名として使用したいドメイン名を指定しても、その名前をそのままドメインとして使用できるわけではありません。「http://gihyo.bucket.marvelous.sample.s3XXXXX.amazonaws.com」のように、指定したバケット名＋AWSの指定した文字列がURLとなります。東京ドメインの場合は、「バケット名+.s3-website-ap-northeast-1.amazonaws.com」となります（2022年1月時点）。そのままドメインとして使用したい場合には、さらに、DNSの設定が必要です。

● ほかのサービスを使用したWebホスティングとの違い

AWSでWebサイトを作る場合、いくつかのサービスが用意されています。第4章で紹介したEC2のほかに、Amazon Lightsail、AWS Amplify Consoleな

どがあります。Amazon Lightsailは、EC2の簡易版的なサービスで、機能を1つに組み合わせたパッケージで提供されます。AWS Amplify Consoleは、モバイルアプリやWebアプリを作るためのフレームワークです。大きな違いは、プログラムの実行と、スケーラビリティです。もっとも自由に組み立てられるのはEC2ですが、Lightsailも構成次第ではEC2と同等のことが可能です。スケーラビリティは、S3がもっとも高いので、プログラムを使わないのであればS3のほうがよいでしょう。

● Webホスティングにおけるサービス間の比較

サービス	プログラムの実行	スケーラビリティ
EC2	◎	△
S3	×	◎
Lightsail	◎	△
Amplify	○（Amplify独自プログラム）	○

● Amazon Lightsail（ライトセール）

Amazon Lightsailは、必要なものを選ぶだけで、Webサイトに必要なサービス一式を定額で揃えられるサービスです。

たとえばブログサーバーを構築したいときに、EC2であれば、OS、WordPress、固定IPアドレスやDNSをそれぞれ用意しなければなりませんが、Lightsailは、こうした複雑さを解決するワンパッケージのサービスです。料金も、EC2の場合はサービスごとの合算でわかりづらい状況であるのに対し、Lightsailは、Lightsailのみで完結するのでシンプルです。

EC2インスタンスと違って、CPUやメモリなどのスペック、台数をあとから変更する柔軟性はありません。変更したい場合は、スナップショットと呼ばれる機能でバックアップを作り、希望のスペックのLightsailを新たに契約して、そのバックアップから戻す操作を行います。

● AWS Amplify（アンプリファイ）

AWS Amplifyは、Webシステムを開発するためのツール一式を提供するサービスで、開発者が使うものです。

JavaScript[1]でAWSの、さまざまな機能を呼び出してシステムを構築して

※1）プログラミング言語の一種。

いきます。HTMLファイルや画像などをS3を経由して配信したり、Lambdaという機能を使ってバックエンドのプログラム実行したりします。AWS Amplifyは、こうしたサービスを組み合わせてコンテンツやプログラムを配布する司令塔として機能します。

まとめ

▶ WebサイトホスティングはS3のバケットを静的Webサイトとして公開する機能

サービス名	Webサイトホスティング
URL	https://docs.aws.amazon.com/ja_jp/AmazonS3/latest/userguide/WebsiteHosting.html
使用頻度	★★★
料金	無料（通信料金除く）
マネージドサービス ○	東京 ○・大阪 ○	VPC ✕

▶ Amazon Lightsailは必要なものを選ぶだけで、Webサイトに必要なサービス一式を定額で揃えられるサービス

サービス名	Amazon Lightsail
URL	https://aws.amazon.com/jp/lightsail/
使用頻度	★★
料金	サーバまたはデータベースの各プランから選択+オプション
マネージドサービス △	東京 ○・大阪 ✕	VPC 複合

▶ AWS AmplifyはモバイルアプリやWebアプリを作るためのフレームワーク

サービス名	AWS Amplify
URL	https://aws.amazon.com/jp/amplify/
使用頻度	★★
料金	Amplifyフレームワークは無料、開発者用ツールのAmplify Console（サーバーレスWebアプリケーションをデプロイ、ホストするためのツール）とAWS Device Farm（アプリケーションをテストするためのツール）は有料
マネージドサービス ○	東京 ○・大阪 ✕	VPC 複合

Chapter 5　ストレージサービス「Amazon S3」

37 ファイルのアップロードとダウンロード
～さまざまなファイルアップロード方法

S3バケットでのファイルのアップロード・ダウンロードは、マネジメントコンソールからだけでなく、APIやSDK、CLIを使う方法があります。ほかに、SFTPにも対応しているので、複数の種類から選ぶことができます。

◯ アップロードとダウンロード

　ファイルをアップロードもしくはダウンロードするには、**マネジメントコンソールを使用する方法と、CLI**[1]**を使う方法があります**。ツールやプログラムから操作するにはAPI[2]やSDK[3]を使います。

　マネジメントコンソールを使用する場合は、ドラッグ＆ドロップもしくは、ポイントとクリックでの操作でアップロードできます。ドラッグ＆ドロップは、Google ChromeかFirefox、Microsoft Edgeでのみサポートされています。
　すべてのファイルタイプをアップロードすることができますが、アップロードできる1つあたりのファイルサイズには制限があります。通常のAPIやSDKであれば5GB、マネジメントコンソールからは160GB、マルチパートアップロードを使うと5TBのファイルまでアップロードできます（2022年1月時点）。

●アップロードとダウンロードの方法

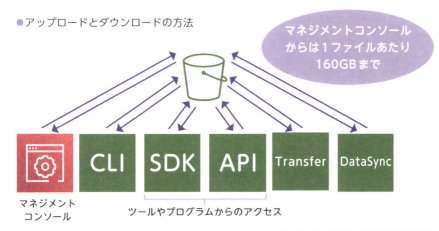

※1）CLI…AWSを操作するコマンドラインツール
※2）API…アプリケーションインターフェイス。AWSの機能をプログラムから呼び出すしくみ
※3）SDK…APIを呼び出す機能を自分のプログラムに読み込むツール（ライブラリ）

● さまざまなアップロード

ファイルをクライアントからS3バケットへアップロードするには、さまざまな方法があります。

①通常のCLIやAPI・SDK（1ファイルあたり5GBまで）

通常のCLIやAPI・SDKを使うと、サードパーティー製のツールを使ってファイル操作できるようになります。使用には、IAMユーザーでアクセスキーとシークレットアクセスキーを発行し、利用したいツールに設定します。

②マルチパートアップロード（1ファイルあたり5TBまで）

マルチパートアップロードを使用すると、オブジェクトをパーツに分解し、1つのセットとしてアップロードできます。アップロード中はパーツとして表示されますが、すべてのパーツがアップロードされると、1つのオブジェクトとなります。

アップロードに失敗したパートは、再送されますが、一時停止することもできます。一時停止の終了期限はないので、一時停止状態のまま放置しておいても、アップロードが中止されることはありません。

100MB以上のファイルは、マルチパートアップロードを使用することが推奨されています。アップロードすることで、通常のリクエストやアップロードにかかる料金はかかりますが、マルチパートアップロード機能を使うことにおける独自の課金はありません。

マネジメントコンソールやCLIでは、大きなファイルを操作するときに、マルチパートアップロードに切り替わります。

③AWS Transfer Family（1ファイルあたり5TBまで）

AWS Transfer Familyは、SFTPを使用してファイルを転送できるサービスです。SFTPツールではなく、SFTPサーバーを提供するサービスです。SFTPサーバーエンドポイントを設置することで、サードパーティー製などのSFTPツールを使えるようになります。

初期費用はかかりませんが、SFTPサーバーを使用している時間（プロビジョニングされている時間）と、データ転送量（アップロードおよびダウンロード）

に対して課金されます。東京リージョンで、使用1時間あたり0.30USドル、データ転送はGBあたり0.04USドル程度です（2022年1月時点）。

④ AWS DataSync

AWS DataSync（データシンク）は、オンプレミスのストレージシステムとAWSのストレージサービス（EC2およびS3）との大量のデータ移動を想定したサービスです。料金は、コピーした量に対してかかります。東京リージョンで、GBあたり0.04USドル程度です（2022年1月時点）。

このほか、S3とクライアントをつなぐ方法としては、S3のバケットをあたかもオンプレミス上のストレージであるかのように扱えるAWS Storage Gateway（ハイブリッドクラウドストレージサービス）もあります。

 大規模データのやりとり

PB（ペタバイト）からEB（エクサバイト）単位のような非常に大規模なデータを通信でアップロードするのは、大変難しい話です。そのため、物理的にAWSとデータやりとりする方法として、AWS Snowball（HDDにデータを入れて送る方法）、AWS Snowball Edge（データの加工処理もできる）、AWS Snowmobile（トラックで配送する方法）があります。

 ブロックパブリックアクセス

バケット単位で、すべてのユーザーにアクセス許可するかを決定する「ブロックパブリックアクセス」という機能がリリースされました。

これは、各アクセス制限よりも上位に位置する制限で、バケットポリシーやユーザーポリシーで、全員がアクセスできるように許可していたとしても、このブロックパブリックアクセスで「ブロックする」となっている場合は、アクセスできなくなります。バケットを全ユーザーに公開する際は、慎重に行わなければならないため、このように、バケット単位での設定ができるようになっているのです。

Webサーバーとして公開するときは、全ユーザーに公開する必要がありますが、その際は、ブロックパブリックアクセスの設定も忘れないようにしましょう。

まとめ

▸ **マルチパートアップロードはオブジェクトをパーツに分解して S3にデータをアップロードする機能。100MB以上のファイル は本機能の使用が推奨されている**

サービス名	マルチパートアップロード
URL	https://docs.aws.amazon.com/ja_jp/AmazonS3/latest/userguide/mpuoverview.html
使用頻度	★
料金	マルチパートアップロード自体は無料、実行期間を通してS3 の使用で定めるストレージ、帯域幅、リクエストの課金が発生

マネージドサービス ○	東京 ○・大阪 ○	VPC ✕

▸ **AWS Transfer FamilyはSFTPサーバーを提供するサービス。 サードパーティツールでSFTPによるファイル転送を可能とする**

サービス名	AWS Transfer Family
URL	https://aws.amazon.com/jp/aws-transfer-family/
使用頻度	★★
料金	SFTP エンドポイントの使用時間+転送データ量+関連コスト

マネージドサービス ○	東京 ○・大阪 ○	VPC ✕

▸ **AWS DataSyncはオンプレミスのストレージとAWSのスト レージサービスとの大量のデータ移動を可能とする**

サービス名	AWS DataSync
URL	https://aws.amazon.com/jp/datasync/
使用頻度	★
料金	Amazon S3 および Amazon EFS との相互のコピーデータ量 +関連コスト

マネージドサービス ○	東京 ○・大阪 ○	VPC ✕

Chapter 5 ストレージサービス「Amazon S3」

38 アクセス管理と改ざん防止
~不審なアクセスを監視

ストレージには、管理者以外の人がアクセスするケースがよくあります。そのため、何があるかわかりません。こうしたストレージへのアクセスを監視するため、S3では、無料でアクセス記録が提供されています。

● アクセスログとは

アクセスログとは、サーバーに対しどのようなリクエストがあったかを記録する機能のことです。ログの内容として、バケット所有者、バケット名、リクエスタ、時刻やレスポンス時間、アクション、レスポンスのステータス、エラーコードなどが記録されます。

S3の機能として、アクセスログの記録が提供されているので、料金はかかりません。ただし、ログを書き込んだファイルは、対象となるバケットと同じリージョンのバケットに保存されるため、その保存には料金がかかります。

● 主なログ内容

項目	内容
Remote IP	リクエスト要求元のIPアドレス
リクエスタ	アクセスしてきたユーザー
リクエスト ID	識別のためにAmazon S3で生成されるID
オペレーション	リクエストされた操作の種類
キー	リクエストのあったオブジェクトのキー
Request-URI	リクエストされたURI
エラーコード	エラーコード（存在する場合のみ）
Bytes Sent	送信されたレスポンスのバイト数
Object Size	リクエストされたオブジェクトの全サイズ

項目	内容
Total Time	サーバーがリクエストされた内容の送信にかかった時間
Turn-Around Time	リクエストへの返信にかかった時間
Referrer	HTTP Referrerヘッダーの値
User-Agent	HTTP User-Agentヘッダーの値
Version Id	リクエストのバージョンID
ホストヘッダー	S3への接続に使用するエンドポイント

そのほかのアクセス管理方法

アクセスログ以外で、アクセス管理を行う方法をいくつか紹介します。

● ストレージクラス分析

ストレージクラス分析は、オブジェクトへのアクセス頻度を分析する機能です。アクセス頻度の低いデータは低頻度アクセスのストレージに移すなどの判断材料として使えます。オブジェクトは、設置された日付である程度グループ化され、おのおののグループの平均転送バイト数が監視されます。対象のオブジェクトは、フィルタリングして監視することができます。このフィルターは、バケットごとに最大1,000個設置できます。

● オブジェクトロック

オブジェクトロックはオブジェクトを保護する機能です。オブジェクトに対する一切の変更を許さないため、オブジェクトの削除や上書き、改ざんなどを防ぐことができます。ロックには有効期間を設けられます。また、リーガルホールド（訴訟ホールド。訴訟などに関わる情報を保全すること）も有効期間に関係なく行うことができます。なお、ロックで保護されているバケットは、レプリケーション（P.158参照）でコピーすることはできません。

●オブジェクトロックにおける2つのモード

ロックのモード	内容
ガバナンスモード	特定のユーザーにオブジェクトに対する変更を許可するモード。許可されていないユーザーは、変更できない
コンプライアンスモード	すべてのユーザーが、オブジェクトに対して変更できなくなるモード。AWSアカウントのルートユーザーでさえも、変更はできない。一度このモードにしてしまうと、モードや期間の変更もできなくなるので注意すること

● S3インベントリ

インベントリは、バケットに入っているオブジェクトのメタデータを、毎日または毎週一覧にして生成する機能です。CSV、ORCなどのファイルにできます。S3インベントリは、Amazon AthenaやAmazon Redshift Spectrumなどのビッグデータを処理するツールと組み合わせると、便利に使えます。

> **COLUMN　S3 バッチオペレーション**
>
> 　Amazon S3 バッチオペレーションを使用すると、オブジェクトのコピー、Amazon S3 Glacierからオブジェクトの復元など、さまざまなオペレーションを対象のオブジェクトに対し実行できます。通常のAmazon S3 APIを使用するため、使いやすい機能です。

まとめ

▶ アクセスログはサーバーにどのようなリクエストがあったかを記録する機能

サービス名	アクセスログ
URL	https://docs.aws.amazon.com/ja_jp/AmazonS3/latest/userguide/ServerLogs.html
使用頻度	★★★
料金	ログ記録機能は無料＋ログファイルの格納・配信済みのログファイルへのアクセスなど
マネージドサービス ○	東京 ○・大阪 ○	VPC ✕

▶ ストレージクラス分析はオブジェクトへのアクセス頻度を分析する機能

項目	内容
サービス名	ストレージクラス分析
URL	https://docs.aws.amazon.com/ja_jp/AmazonS3/latest/userguide/analytics-storage-class.html
使用頻度	★★
料金	モニタリングされるオブジェクトの個数＋レポートをエクスポートする場合、ストレージの使用料

| マネージドサービス ○ | 東京 ○・大阪 ○ | VPC ✕ |

▶ オブジェクトロックはオブジェクトを変更できないようにする機能

項目	内容
サービス名	オブジェクトロック
URL	https://docs.aws.amazon.com/ja_jp/AmazonS3/latest/userguide/object-lock.html
使用頻度	★★
料金	無料

| マネージドサービス ○ | 東京 ○・大阪 ○ | VPC ✕ |

▶ S3インベントリはオブジェクトのメタデータを一覧にして生成する機能

項目	内容
サービス名	S3インベントリ
URL	https://docs.aws.amazon.com/ja_jp/AmazonS3/latest/userguide/storage-inventory.html
使用頻度	★★
料金	モニタリングされるオブジェクトの個数＋レポートをエクスポートする場合、ストレージの使用料

| マネージドサービス ○ | 東京 ○・大阪 ○ | VPC ✕ |

▶ S3バッチオペレーションはオブジェクトに対してコピーや復元などさまざまな操作を実行できる機能

項目	内容
サービス名	S3バッチオペレーション
URL	https://docs.aws.amazon.com/ja_jp/AmazonS3/latest/userguide/batch-ops.html
使用頻度	★★
料金	S3の基本操作の料金＋ジョブ料金＋影響を受けたオブジェクト数

| マネージドサービス ○ | 東京 ○・大阪 ○ | VPC ✕ |

Chapter 5 ストレージサービス「Amazon S3」

39 バージョニング・ライフサイクル・レプリケーション
~保存されたオブジェクトの管理

ファイルを誤って上書きしてしまったり、削除してしまった場合、それが重要なファイルだと大きな問題になります。こうしたときに強い味方となるのが、バージョニング機能です。バージョニングでは、複数のバージョンを保存します。

● バージョニング

<u>バージョニング</u>とは、オブジェクトの複数バージョンを保存する機能です。バケット単位で設定します。バージョニング機能を有効にしておくと、間違えて変更したファイルも復元できます。間違えて削除した場合も、バージョニングが設定されていれば、ファイルは見かけ上削除されるだけなので復元が可能です。

バージョニング無効（デフォルト）、バージョニング有効、バージョニング停止、の3つの状態のいずれかに設定できます。以前のバージョンに戻すには、保存されている過去のバージョンを同じバケットにコピーします。1つ前のバージョンに戻す場合は、最新バージョンを削除することでも復元が可能です。

● バージョニングによりファイルの復元が可能

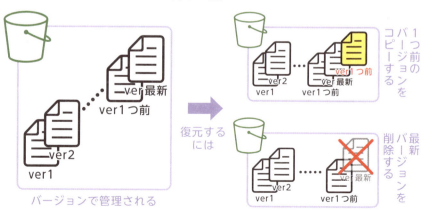

156

● ライフサイクルポリシー

AWSでは「ライフサイクル」を考えることがうまく使うコツの1つです。

S3では、**ライフサイクルポリシー**(ライフサイクルのルール)を設定できます。ライフサイクルポリシーは、オブジェクト群に対し、定期的に行うアクションを設定できる機能です。設定できるアクションには、次の種類があります。

● ライフサイクルポリシーに設定できる主なアクション

アクション	内容
Transition	オブジェクトを別のストレージクラスに移行する
Expiration	有効期限がきたオブジェクトを削除する。オブジェクトがバージョニングされている場合は、最新のバージョンのみが対象となる。また、バージョンが複数あり、削除マーカーが付いている場合は実行しない
NoncurrentVersionTransition	オブジェクトを現在のストレージクラスに残しておく時間を指定する
NoncurrentVersionExpiration	過去のオブジェクトバージョンを削除する前に、残しておく時間を指定する
AbortIncompleteMultipartUpload	マルチパートアップロードの進行を許可する最大時間を指定する
ExpiredObjectDeleteMarker	期限切れオブジェクト削除マーカーを削除する

● オブジェクトに対して、定期的なアクションを設定できる

● レプリケーション

レプリケーションとは、「レプリカ（複製）」を作ることです。レプリケーションは、同一リージョンでも、異なるリージョンでも設定できます。とくに異なるリージョンで設定することを「クロスリージョンレプリケーション（CPR）」と言います。以前はCPRと言えば、東京と海外の組み合わせだったのですが、大阪リージョンが正式なリージョンとなったことで国内2箇所で行えるようになりました。

クロスリージョンレプリケーションは、異なるリージョンに作成したバケットに、オブジェクトを非同期でコピーします。コピー先のバケットは、コピー元バケットの持ち主と同じである必要はありません。ただし、レプリケート作業を行うIAMロールは必要です。

また、使用する双方のバケットは、バージョニングが有効になっている必要があります。

クロスリージョンレプリケーションを使えば、他の地域にもバックアップを取ることができるため、大規模な災害が起きたときにも、データを失うことがありません。

一方で、場合によっては海外にデータを置くことになるので、国外に持ち出してはいけないデータを適用しないように気をつけましょう。自社の運用であっても、顧客のデータであっても、慎重に検討してください。

● 異なるリージョンのバケットにオブジェクトがコピーされる

東京リージョン

米国東部リージョン

海外にデータを置くときは
十分に注意が必要

まとめ

▶ バージョニングはオブジェクトの複数バージョンを保存する機能

サービス名	バージョニング
URL	https://docs.aws.amazon.com/ja_jp/AmazonS3/latest/userguide/Versioning.html
使用頻度	★★★
料金	バージョニングしたものを保存するだけの料金。バージョン1、バージョン2を2つ保存するなら、それぞれ、つまり、倍の値段がかかる

マネージドサービス ○	東京 ○・大阪 ○	VPC ✕

▶ ライフサイクルポリシーはオブジェクトに対して定期的に行うアクションを設定できる機能

サービス名	ライフサイクルポリシー
URL	https://docs.aws.amazon.com/ja_jp/AmazonS3/latest/userguide/object-lifecycle-mgmt.html
使用頻度	★★★
料金	ライフサイクル移行のためのリクエストなど

マネージドサービス ○	東京 ○・大阪 ○	VPC ✕

▶ クロスリージョンレプリケーションは異なるリージョンにオブジェクトを非同期でコピーする機能

サービス名	クロスリージョンレプリケーション
URL	https://docs.aws.amazon.com/ja_jp/AmazonS3/latest/userguide/replication.html
使用頻度	★★
料金	プライマリコピーのストレージ、レプリケーション作成先のストレージ、COPY/PUT リクエスト、Amazon S3 からのリージョン間データ送信にそれぞれ該当料金発生

マネージドサービス ○	東京 ○・大阪 ○	VPC ✕

Chapter 5 ストレージサービス「Amazon S3」

40 データ分析との連携
~保存したデータの分析

AWSでは、データ分析に関するサービスをいくつか提供しています。データ分析機能を使うことで、S3内のオブジェクトや、オブジェクトの中身を分析することができます。これらを巧く使うことで、手軽にデータを扱えます。

● データ分析との連携

S3内のオブジェクトやオブジェクトの中身に対し、**データ分析**を行う機能があります。

S3 Select（セレクト）と **Amazon Athena**（アテナ）は、CSV（Excelでも使えるデータ形式）やJSON（JavaScriptで使われるデータ形式）のような構造化されたテキスト形式のデータに対して、SQL（データベースで使われる言語）のSELECT文を実行する**クエリ機能**です。双方とも、クエリを実行するためのサーバーは不要です。

Amazon Redshift Spectrum（レッドシフト スペクトラム）も同じような機能ですが、大量のデータを処理することができるため、Redshiftクラスタ（Redshiftの管理単位。データウェアハウスを提供するサービスである、Amazon Redshiftを使用する際に必要）が必要になります。

● AWSのデータ分析サービス

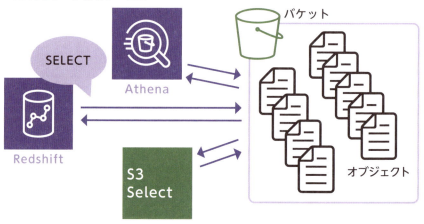

● データ分析サービス

Amazon S3には、ログやIoT機器から収集したデータなど、あとで分析したいデータを保存する使い方もされるため、データ分析サービスとの連携が用意されています。とくに、S3 Selectと、Amazon Athenaは、S3バケットに格納したデータに対して分析するサービスです。Amazon Redshift Spectrumは、S3バケット以外に置いたデータにも使用できます。

AWSのデータ分析のサービスについて特徴を見てみましょう。

● S3 Select

S3 Selectは、S3の機能で、保存されている1ファイルのデータに対して、SQLを使って、集計や検索ができる機能です。CSVファイルやJSONのほか、ログなどで使われるApache Parquetフォーマットにも対応します。

集計は、マネジメントコンソールからSQLを入力することで、かんたんに実行できます。CLI（コマンドラインインターフェイス）やSDK（ソフトウェア開発キット）にも対応しており、複雑な集計をするときは、プログラムから実行することもできます。

● Amazon Athena と Amazon Redshift Spectrum

AthenaとRedshift Spectrumは、データ分析のサービスです。こちらも、Amazon S3に格納されたデータをそのまま分析できます。

S3 Selectと違って、何を対象に、どのような検索をするのかを事前に構成する必要があります。その反面、複数ファイルを対象にすることもできます。AthenaとRedshift Spectrumの大きな違いは、分析のためのサーバーを作る必要があるかどうかです。

Athenaは都度、必要に応じて分析のサーバーが自動的に作られて実行されるので、実行したときだけ費用がかかります。

対してRedshift Spectrumは事前に分析用のサーバーを起動しておき、そのサーバーを使って分析します。処理能力に応じて、コストの低いサーバーから高いサーバーまで用意されており、かつ、分散処理でデータ分析できます。大量の複雑なデータを高速に処理しなければならないときは、Redshift Spectrum

を使うとよいでしょう。

○ データの分析ツールの使い分け

3つのデータ分析方法を紹介しましたが、もっとも手軽なのは、S3 Selectでしょう。S3 Selectでは、CSVファイルやJSONファイルなどの1ファイルを対象に集計や検索ができます。たとえば、売上データが日々記録されているCSVファイルをS3 Selectを使って集計すれば、時間帯ごとの売上や製品ごとの売上を計算できます。

これよりも複雑な集計をしたいときは、AthenaやRedshift Spectrumを使います。これらのサービスはS3に置かれた複数のファイルを対象にできます。また集計や検索方法を保存しておけるので、何度も繰り返し、集計・検索したいときは、Athenaを使うとよいでしょう。

Redshiftは高度な分析機能を持つ、データウェアハウスです。集計・検索だけでなく、多軸で見る方向を変えてデータを見たり、予測を立てたりすることもできます。

このように、かんたんな方法から高度な方法まで用意されているので、メリットを活かした機能を採用するとよいでしょう。

AWS Lambda（ラムダ）との連携

このほかS3と連携できる機能としては、AWS Lambdaがあげられます。Lambdaは、イベントドリブン（イベントに応じて処理を実行する方式）でコードを実行できるサービスです。

S3のバケットにオブジェクトがアップロードされたことをトリガに、Lambdaの関数を呼び出すことができるため、「特定のバケットに、画像ファイルがアップロードされたら、その画像のサムネイルを作成する」「ファイルがアップロードされたら、通知する」などのシステムが、かんたんに作成できます。

まとめ

▶ **S3 Select は S3 バケットに置かれた単一の構造化されたテキストファイルにクエリを実行する機能**

サービス名	S3 Select
URL	https://docs.aws.amazon.com/ja_jp/AmazonS3/latest/userguide/selecting-content-from-objects.html
使用頻度	★★★
料金	スキャンと返信のデータ量
マネージドサービス ○	東京 ○・大阪 ○	VPC ×

▶ **Athena は S3 バケットに置かれた複数の構造化されたテキストファイルにクエリを実行する機能**

サービス名	Athena
URL	https://aws.amazon.com/jp/athena/
使用頻度	★★
料金	スキャンデータ量＋関連コスト
マネージドサービス ○	東京 ○・大阪 ○	VPC ×

▶ **Redshift は分析のためのクラスタ（サーバー群）を構成し多種多様なデータを分析できるデータウェアハウス機能**

サービス名	Redshift
URL	https://aws.amazon.com/jp/redshift/
使用頻度	★★★
料金	コンピューティングノード接続時間＋オプション＋関連コスト
マネージドサービス ○	東京 ○・大阪 ○	VPC ×

Chapter 5　ストレージサービス「Amazon S3」

41 Amazon CloudFront
～コンテンツ配信サービス

AWSでは高速コンテンツ配信ネットワークサービスとして、Amazon CloudFrontが提供されています。CloudFrontでは、エッジサーバを利用することで、Webサーバの負担を軽減し、利用者にもアクセスしやすくなります。

● Amazon CloudFront（クラウドフロント）とエッジサーバー

　Amazon CloudFrontとは高速コンテンツ配信ネットワーク（コンテンツデリバリーネットワーク、略してCDN）サービスです。Webコンテンツの配信を高速化します。S3のWebサイトホスティング機能を有効にして構成したWebサーバーと組み合わせてよく使います。

　高速化は、Webサーバーの中身をキャッシュする**エッジサーバー**を利用して行います。通常では、Webサイトの閲覧者はWebサーバーにアクセスしてページを取得しますが、毎回Webサーバーが応えていては、Webサーバーに負担がかかります。そこで、エッジサーバーにキャッシュした内容を返させることによって、オリジナルのWebサーバーの負担を低減させます。また、エッジサーバーはその名の通り、ネットワークの末端近くに置かれ、各リージョンに置かれています。クライアントからアクセスするネットワークの距離が近くなるため、それに応じてレスポンス速度が速くなります。

●エッジサーバーによりWebコンテンツがキャッシュされる

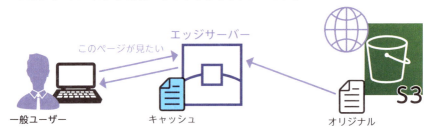

○ Amazon CloudFrontの料金体系

Amazon CloudFrontは、基本的にデータ転送に対して料金がかかります。サイトの閲覧者からのリクエストや、閲覧者へのページの転送、閲覧者からアップロードされたファイルの転送などに課金されますが、エッジサーバーがオリジナルのデータをキャッシュしにいく場合の転送量は、料金がかかりません。ただし、キャッシュには課金されます。

● Amazon CloudFrontの料金

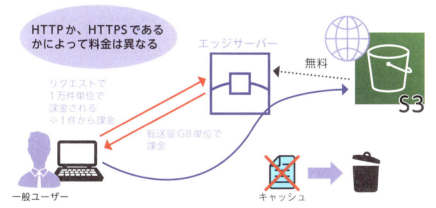

キャッシュの削除は1000件まで無料

○ Amazon CloudFrontの料金クラス

Amazon CloudFrontには料金クラスがあり、クラスによって、使用できるエッジサーバーが異なります。選択した料金クラスに含まれているロケーションのエッジサーバーから、コンテンツが配信されます。また、エッジサーバーごとに料金が異なるので、閲覧者数との兼ね合いになります

●料金クラスごとに使用可能なエッジサーバー

料金クラス	料金クラスに含まれるロケーション
すべて	米国・メキシコ・カナダ、欧州・イスラエル、南アフリカ・ケニア・中東、日本、オーストラリア・ニュージーランド、シンガポール・韓国・台湾・香港・フィリピン、インド、南米、タイ
200	米国・メキシコ・カナダ、欧州・イスラエル、南アフリカ・ケニア・中東、日本、シンガポール・韓国・台湾・香港・フィリピン、インド、タイ
100	米国・メキシコ・カナダ、欧州・イスラエル

 暗号化通信にも対応

　CloudFrontは、TLS/SSLによる暗号化通信にも対応し、「https://」から始まるURLでアクセスしたときは通信が暗号化されます。

　通常、暗号化にはサーバー証明書が必要ですが、AWS Certificate Managerというサービスを使うと、無料でサーバー証明書を作ることができます。

6章

▼

仮想ネットワークサービス「Amazon VPC」

いくらサーバーを設置したところで、そのサーバーがネットワークにつながっていなければ、実力は発揮できません。そこで活躍するのが、AWSの提供する仮想ネットワークサービス「Amazon VPC」です。デフォルトVPCも用意されているので、手軽に利用できます。

Chapter 6　仮想ネットワークサービス「Amazon VPC」

42 Amazon VPC とは
〜AWS 上に作成する仮想ネットワーク

Amazon VPC（以下、VPC）とは、AWSの提供するAWSアカウント専用の仮想ネットワークです。ネットワークやサブネットの範囲、ルートテーブルやネットワークゲートウェイの設定など、仮想ネットワーキング環境を設定できます。

◯ Amazon VPC（ブイピーシー）とは

　Webサーバーやデータベースサーバーなど、各種サーバーは、ネットワークにつながっていなければなりません。単体で置くことも可能ですが、それではサーバーとしての意味をなしません。これは、EC2やRDS（AWSのリレーショナルデータベースサービス）などAWSのサービスであっても同じで、どこかのネットワークにつなぐ必要があります。
　そこで使用するのが、**Amazon Virtual Private Cloud（Amazon VPC）**です。Amazon VPCは、AWSアカウント専用の仮想ネットワークで、AWSで提供されるリソースのみを置くことができます。とくに、EC2やRDSの場合、作成時にVPCを選択しないと作成できません。リソースを使用するには、必須のサービスです。

●通常のネットワークの例

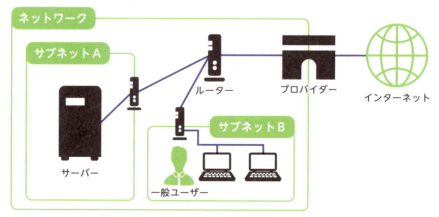

168

VPCの構成

　VPCの中にサーバーを置くことでネットワークに所属することになりますが、VPCはそのままでは閉じたネットワークです。VPC自体をさらにインターネットや社内LANとつなげる必要があります。

● VPCの構成例

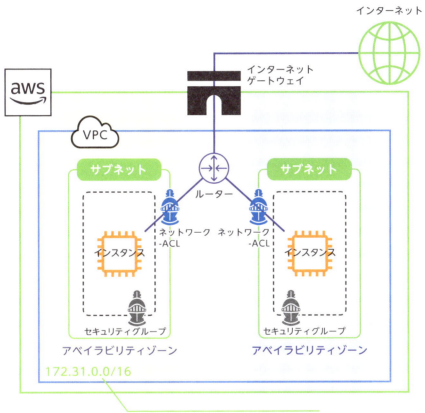

AWS上にVPCを作成し、その中にサーバー（インスタンス）を置く

● VPCの機能

VPCでは、ネットワークやサブネットの範囲、ルートテーブルやネットワークゲートウェイの設定など、仮想ネットワーキング環境を設定できます。仮想環境であるため、物理的なネットワークと異なる点もありますが、基本的な考え方は同じです。また、IPv4とIPv6両方とも使用できます。

● VPCの主な機能

項目	内容
CIDR ブロック (サイダー)	サブネットのこと。ネットワークを分ける範囲。VPC作成時にネットワークの範囲をCIDRで決め、それをさらに小さいサブネットに分けて使う (P.177参照)
サブネットマスク	ネットワークの大きさを計算する値。CIDRはサブネットマスクの表記方法の1つ (P.176参照)
アベイラビリティゾーン	サブネットを配置する物理的な場所 (P.090参照)
インターネットゲートウェイ	インターネットへの出入り口。VPCをインターネットに接続しない場合は不要 (P.185参照)
ルーティング	どのデータをどこに送るかを采配すること。ルーティングでインターネットゲートウェイとのデータ送受信を設定しておかないと、VPCからインターネットへはつながらない。家庭や企業では、ルーターと呼ばれる機器がこの役割を担っていることが多いが、AWSでは、同機能のソフトウェアが行っている (P.180参照)
ルートテーブル	ルーティングに関する設定が書かれたテーブル。ルーティングテーブルともいう (P.171参照)
セキュリティグループ	AWSで提供される仮想ファイアウォール。設定はインスタンス単位で行う。入ってくるデータは「拒否する」のが基本的な設定 (P.187参照)
ネットワークACL	AWSで提供される仮想ファイアウォール。設定はサブネット単位で行う (P.187参照)

基本的には、一般的なネットワークの知識があればかんたんです。ちょっと難しいなと感じるのであれば、TCP/IPを学んでみよう。

◎ VPCのネットワークの特色とルートテーブル

VPCのネットワークはクラウドであるため、通常のネットワークとは、若干異なる点があります。その最たる点が、ルーター[※1]です。**VPCには、物理的なルーターがなく、ルーターの役割をするソフトウェアがルーティングを行っています**。ルーティングは、設定された**ルートテーブル（ルーティングテーブル）**に従って行われます。1つのルートテーブルに対し、サブネットは複数設定できます。物理的なサーバーであれば、LANケーブルやWi-Fiでルーターとホストとをつなぎますが、クラウドでは、ルートテーブルを設定します。

通常のサブネット間通信はルーターを介して行いますが、VPCの場合は直接通信することができます。また、インターネットゲートウェイはVPC1つに対し、1つしか設置することはできません。ルーターやインターネットゲートウェイには、明示的なIPアドレスが振られません。クラウドならではの特殊な点といえるでしょう。VPCネットワークの特色を以下にまとめます。

- ソフトウェアがルーティングを行っている。ルーターはIPアドレスを持たない
- 1つのルートテーブルに対し、複数のサブネットを設定できる
- インターネットゲートウェイは1つのVPCに対し1つのみ置くことができ、IPアドレスを持たない
- サブネット間通信はルーターなしで直接通信できる

まとめ

▶ Amazon VPCはAWSアカウント専用の仮想ネットワークを提供

サービス名	Amazon VPC（VPC）
URL	https://aws.amazon.com/jp/vpc/
使用頻度	★★★★
料金	AWSサイト間VPN+Client VPN+データ転送+オプション
マネージドサービス	× ／ 東京 ○・大阪 ○ ／ VPC ○

※1）ルーティングを行う機器のこと。ルーティングとは、データを転送するしくみ。

Chapter 6　仮想ネットワークサービス「Amazon VPC」

43 VPCを使うまでの流れ
〜仮想ネットワークを使うまで

VPCを使用するには、マネジメントコンソールから、各種設定を行います。このとき重要な概念となってくるのが、サブネットです。CIDRブロックでネットワークの範囲を設定し、その後でさらにサブネットにわけます。

◯ VPCで設定すべきこと

VPCとは、つまりはネットワークです。そのため、どのような環境にサーバー（インスタンス）を置くのか、そのサーバーはインターネットに接続するのかなどを、設計する必要があります。とくに重要なのは**インターネットへの接続の有無**と、**オートスケーリング**でしょう。インターネットへの接続を行うのであれば、インターネットゲートウェイの設定が必要ですし、オートスケーリングを行うのであれば、サーバーが自動的に増えるため、IPアドレスを多めに用意しておく必要があります。

また、セキュリティグループやネットワークACLの設定のため、インスタンスの用途に応じたポートの設定も考えておきましょう。デフォルトではポートが空いていないので、サーバーとして使用する場合は、デフォルトの設定から変更する必要があります。ただし、VPCにはデフォルトVPCをはじめ、デフォルトのサブネットや、デフォルトのセキュリティグループなどが用意されています。よくわからない場合は、デフォルトVPCなどを使用するとよいでしょう。

● VPCとはネットワークである

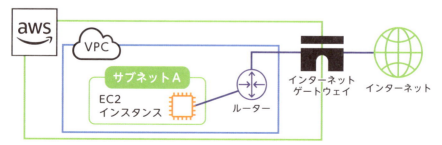

VPCを使用する流れ

　VPCを使用する流れを紹介します。まずは、VPC名を決め、CIDRブロックでネットワークの範囲を設定します。その後、ネットワークを小さなサブネットに分けます。大きく陣地を取って、それを分割して使用すると考えるとわかりやすいでしょう。インターネットに接続する場合は、インターネットゲートウェイを作成し、ルーティングの設定（ルートテーブルの結び付け）を行う必要があります。このほか、セキュリティの設定（セキュリティグループ、ネットワークACL）を行います。

● VPCを使用する流れ

①AWSにログインする
・リージョンを選択し、マネジメントコンソールを開く
・VPCダッシュボードを開く

マネジメント
コンソール

②VPCを作る
・VPC名を設定する
・CIDRブロックの設定をする
・テナンシー（ハードウェアを占有するかどうか）を選択する

マネジメント
コンソール

③サブネットの設定をする
・サブネット名を設定する
・対象となるVPCを選択する
・アベイラビリティゾーンを選択する
・CIDRブロック（サブネット）の設定をする

マネジメント
コンソール

④インターネットに接続する
・インターネットゲートウェイ（IGW）を作成する
・IGWとVPCを接続（アタッチ）する
・ルーティングの設定（ルートテーブルの作成と設定）をする

まとめ

- インターネットへの接続の有無やオートスケーリングが設計のポイント
- サブネットを設定する必要がある
- どれにするか迷ったらデフォルトVPCを使用するのがよい

Chapter 6 仮想ネットワークサービス「Amazon VPC」

44 デフォルト VPC
～あらかじめ用意された VPC

ネットワークの知識は、誰にでもあるわけではありません。そうした場合でも、VPCを使用できるように、デフォルトVPCが用意されています。スタンダードな構成になっているので、よくわからない場合は、こちらを使うとよいでしょう。

● デフォルトVPCとは

　AWSでは、ネットワークについて詳しくなくても利用できるように、リージョンごとに**デフォルトVPC**が用意されています。デフォルトVPCは、選択したらすぐに使用できる状態になっているので、個別の設定をする必要がありません。特殊な要件でない場合、デフォルトVPCを使用するとよいでしょう。また、Elastic Load Balancingなどのサービスも、デフォルトVPCで使用することができます。

● デフォルトVPCの構成

　デフォルトVPCは、**サブネットやインターネットゲートウェイがあらかじめ設定されているVPC**です。EC2作成画面やRDS作成画面で選択することができます。

　ネットワークの範囲は、プライベートIPアドレスの172.31.0.0/16が振られています。デフォルトVPCでは、「デフォルトサブネット」と呼ばれるサブネットが、それぞれのアベイラビリティゾーンに1つずつ作成されます。東京リージョンであれば、全部で4つ用意されます。それぞれのサブネットは「/20」のアドレス範囲が設定されます。

174

● デフォルトVPCのネットワーク構成

ネットワーク	CIDR	ネットワークの範囲
VPC全体のネットワークの範囲	172.31.0.0/16	172.31.0.0 〜 172.31.255.255
サブネット1	172.31.0.0/20	172.31.0.0 〜 172.31.15.255
サブネット2	172.31.16.0/20	172.31.16.0 〜 172.31.31.255
サブネット3	172.31.32.0/20	172.31.32.0 〜 172.31.47.255
サブネット4	172.31.48.0/20	172.31.48.0 〜 172.31.63.255

インターネットゲートウェイも用意されているため、インターネットに接続可能です。インターネットに接続したくない場合は、別のVPCを作成するか、VPCダッシュボードからデフォルトVPCを変更します。VPCウィザードを使えば、かんたんな質問に答えるだけで、VPCを手軽に作成できます。

● デフォルトVPCを使えばかんたんにネットワーク構成が可能

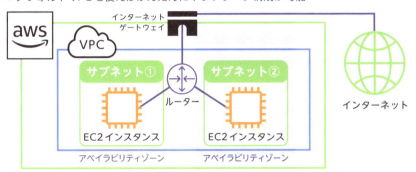

まとめ

▶ デフォルトVPCはリージョンごとにあらかじめ用意されているVPC

Chapter 6　仮想ネットワークサービス「Amazon VPC」

45 サブネットとDHCP
～使用するレンジの選択

VPCを使用するには、サブネットの知識が欠かせません。AWSの場合、サブネットは、物理的な配置にも関わりますので、しっかり理解しておきましょう。サブネットを表すのには、CIDRと呼ばれる表記を使います。

◯ サブネットとは

サブネットとは、大きなネットワークを小さく分割したネットワークです。
ネットワークを切り分けることで直接通信できる範囲を狭め、ファイアウォールを設定してセキュリティの境界を作る目的で使います。AWSの場合は、そのサブネットをどこのアベイラビリティゾーンに置くのかを設定します。つまり、サブネットは物理的な場所を特定します。

　VPCでは、まず、ユーザーの使用できる領域としてネットワークの範囲を作成し、さらにその下に用途に応じてサブネット（小さいネットワーク）を作成します。サブネットで分ければ、サブネットAは公開し、サブネットBは非公開にするなど、役割を変えることもできます。通常のネットワークではサブネット同士の通信はルーターが必要ですが、VPCの場合は、ルーターがなくても互いに通信できます。

●サブネットを分けることでサブネットごとに役割を変えられる

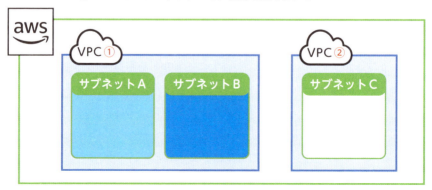

176

ネットワークの範囲とCIDR表記

ネットワークやサブネットの範囲を分けるには、**CIDR（サイダー）**と呼ばれる表記を使います。プレフィックス表示とも呼びます。「/24」「/20」など、「/（スラッシュ）」の後ろに、ネットワーク長の数字を書いて表記します。これは、「255.255.255.0」や「255.255.240.0」のようなサブネットマスク表記で記述することもありますが、AWSでは、CIDRを使用しています。

CIDRは、IPアドレスの数を表します。「/24」であれば、「256個」、「/20」であれば、「4,096個」を意味します。細かい説明は省きますが、2の「32 - ネットワーク長」乗と覚えておくとかんたんに計算できます。

● CIDR表記とIPアドレス数の算出

/24の場合

$2^8 = 256$

32 - ネットワーク長
32 - 24 = 8

/24
ネットワーク長

ネットワークの範囲は、「先頭となるIPアドレス」「CIDR」の順で記述します。「172.31.0.0/16」であれば、「/16」は「65,536個」という意味なので、「172.31.0.0」から、「172.31.255.255」までがネットワークの範囲です。

● ネットワーク範囲の表記法

ネットワーク表記の範囲

172.31.0.0/16

範囲の先頭のIPアドレス　CIDR
（65,536個のIP）

172.31.0.0 〜 172.31.255.255
（172.31.0.0から65,536個分）

CIDR表記
/16
サブネットマスク表記
255.255.0.0
10進数
2の16乗 = 65536
（32 - 16 = 16）

ネットワークのクラス

ネットワークは、**規模に応じて、A・B・Cの3つのクラスがあります。**クラスAは、おおよそ1677万から13万程度のIPアドレスを持っており、範囲が広いネットワークです。クラスBは中規模で、おおよそ6.5万から512、クラスCは小規模で、256から1つが範囲です。

● ネットワーククラスとIPアドレス数

クラス	CIDR	IPアドレス数	プライベートIPの範囲
クラスA	/8～/15	16,777,216～131,072	10.0.0.0 ～ 10.255.255.255
クラスB	/16～/23	65,536～512	172.16.0.0 ～ 172.31.255.255
クラスC	/24～/32	256～1	192.168.0.0 ～ 192.168.255.255

「デフォルトVPC」は、「/16」(クラスB) に設定されており、それを「/20」で分割したサブネットが、それぞれのAZに置かれています。「/20」のサブネットには、4096個のIPアドレスがあるので、Auto Scalingを設定しているときでも、十分なIPアドレス数があります。自分でCIDRを設定するときも、「/16」や「/20」の大きさを目安に設定するとよいでしょう。

クラスAについて

AWSの場合、親となるネットワークにクラスAの設定をすることはできますが、サブネットとして使用できる範囲は、「/16」(クラスBの最大値) 以下です。クラスAのサブネットは設定できません。

IPアドレスの割り振りとDHCP (ディーエイチシーピー)

ネットワーク上でIPアドレスが割り振られるのは、EC2インスタンスや、RDSインスタンス (データベース) などです。AWSのVPCは特殊なため、ルーターやインターネットゲートウェイのIPアドレスには、先頭の予約アドレス

などが使われています。

　ネットワークやサブネットで使用するIPアドレスの範囲は、管理者が設定できますが、個々のホスト（インスタンスなど）にIPアドレスを設定するのは、**DHCP**によって自動的に行われます。VPC上にはDHCPサーバーが稼働しており、接続したインスタンスには、そのサブネットの範囲におけるいずれかのIPアドレスが割り当てられます。VPCで通常使用するIPアドレスは、プライベートIPアドレスです。

● DHCPによってIPアドレスが自動で割り振りされる

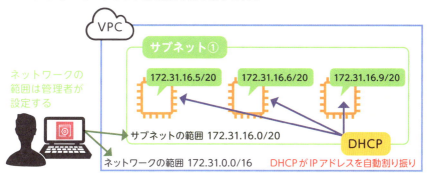

COLUMN 予約IPアドレス

　サブネットの最初の4つと、最後のIPアドレスは使用できません。これは、AWSによって予約されているからです。そのため、256であれば、5を引いた251個が実際に使用できるIPアドレスです。

まとめ

- サブネットは大きなネットワークを小さく分割したネットワーク
- ネットワークを分けるにはCIDRという表記を使う
- ネットワークにはクラスがある

Chapter 6 仮想ネットワークサービス「Amazon VPC」

46 ルーティングとNAT
~グローバルIPアドレスとプライベートIPアドレスを変換

ネットワーク間でデータをやりとりするには、ルーティングや、NATというしくみが欠かせません。このようなネットワークの基礎がわかっていないと、AWSでも適切なサービスを選べないので、ここで基本をしっかりと押さえておきましょう。

● ネットワークとルーティング

ネットワークとは、複数のパソコンを互いに通信できるように接続した状態のことです。

パソコンが一般に普及する前は、パソコン同士を一対一で直接つなぐ形でのネットワークもありましたが、現在ではLANやWAN、インターネットの形でルーターを介したデータのやりとりがほとんどです。

会社のようにたくさんのパソコンがある環境では、パソコンを一対一でつなぐのは、線が多くなりすぎますし、現実的ではないためです。そこで、いったん、ルーターにデータを送り、ルーターから目的の相手へ送信してもらうしくみにします。これを**ルーティング**と呼びます。ルーティングとは、バケツリレーのようなもので、ホストからホストへとデータを受け渡して行くことで、データを転送します。

● ネットワークのルーティング

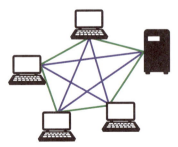

1対1でつなぐと、
ほかのコンピューターの台数分だけ
線が必要になる

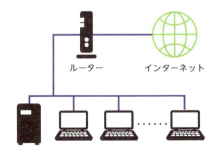

ルーターにつなぐだけで目的の
相手にデータを送ることができる

◎ IPアドレスとゲートウェイ

　郵便屋さんが手紙を届けるように、ルーター経由で各パソコンにデータを届けるためには、相手を識別する宛先が必要です。この宛先になるのがIPアドレスです。IPアドレスは、クライアントパソコンやサーバーだけでなく、ルーターなどのネットワーク内すべてのホストに対して設定されます。

　相手にデータを送信したいときは、宛先のIPアドレスを指定します。するとそのデータは、まず、ネットワーク同士を接続しているルーターに届けられます。ルーターは自分のネットワーク内のホスト宛なら、データをそのホストに届けますが、そうでなければ、さらに別のルーターに転送します。ルーターには、どこに送れば相手の近くに届けられるのかがあらかじめ設定されていて、このようにバケツリレーで、データを届けていきます。

　ルーターはネットワークの門（もん）となる位置にあることから、英語で門という意味の**ゲートウェイ（Gateway）**とも呼ばれます。ゲートウェイのうち、「自分以外のすべてに接続されているもの（ほとんどの場合、これはインターネットとの接続点）」のことを**デフォルトゲートウェイ**といいます。

● IPアドレスとは宛先を表す

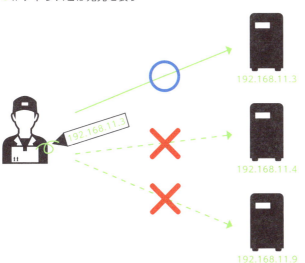

◯ IPマスカレード（NAPT）

　同じ会社内のパソコンにデータを届けたい場合は、ルーターが宛先を知っています。では、離れた場所に住んでいる友人にデータを送る場合はどうするかというと、インターネット上のサービスを利用することがほとんどです。つまり、LAN内以外は、基本的にインターネットを経由するということです。

　LANからインターネットにデータを転送するときに、LAN側の出入り口となるのが**ゲートウェイ**です。ゲートウェイとは役割のことを指すので、実際に担当する機器としては、**ルーターがゲートウェイに相当する役割を担います**。ゲートウェイはLANから送られてきたデータをインターネットに転送し、インターネットから来たデータを対象の機器に送ります。

　現在では、LANの中の機器は、すべてプライベートIPアドレスが振られる傾向にあります。しかし、インターネット上では、グローバルIPアドレス[※1]を持っていないと識別してもらえないので、ゲートウェイがプライベートIPアドレスとグローバルIPアドレスを変換し、同じ家庭内や社内の人は、1つのグローバルIPアドレスを共同で使用します。この変換を担当するのが**IPマスカレード（NAPT）**です。

● IPアドレスとポート番号の変換によりネットワークへ接続ができる

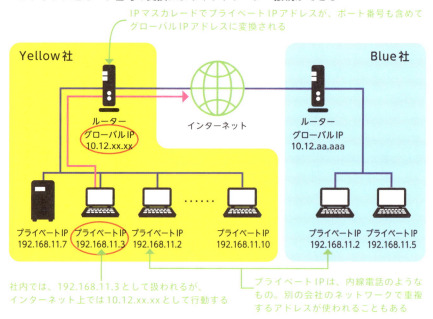

※1) AWSでは、グローバルIPアドレスのことを「パブリックIPアドレス」と呼ぶ。

● NAT（ナット）

　IPマスカレードを使うと中から外へは出て行けますが、外から入ってくることはできません。IPマスカレードは、中から外へのリクエストに対し、外から中へのレスポンスは返しますが、外からのリクエストには答えないからです。

　ただし、これはクライアントのケースです。サーバーをLANの中に置く場合は、当然外からのリクエストにも応える必要があります。この場合は、IPマスカレードの設定で、サーバーだけを双方向に通信できるようにします。しかし、IPマスカレードでは、1つのグローバルIPアドレスしか設定できないので、複数台で構成するときは、グローバルIPアドレスが複数設定できる**NAT（Network Address Translation）**を使います。

　IPマスカレードとNATはよく似ていますが、IPマスカレードは1対多であるのに対し、NATは多対多です。また、IPマスカレードはポート番号（ホスト上のどのソフトウェアに通信を送るのかを識別する番号）の変換もしますが、NATはポート番号の変換はしないという違いがあります。

● IPアドレスの変換によりネットワークへ接続ができる

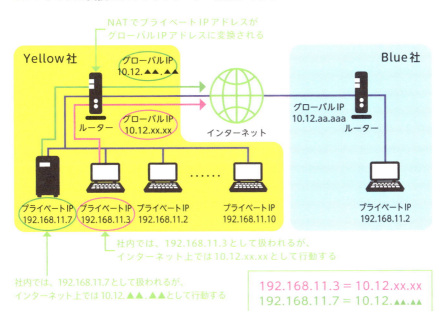

NATとIPマスカレードは、AWSのサービスでは、それぞれ、インターネットゲートウェイとNATゲートウェイが対応します。詳しくは次節で解説します。

TCP/IPプロトコル

6章は、VPC関連の章であるため、あまり聞き慣れないネットワーク用語が多く、目を白黒させている方もいらっしゃるかもしれませんね。本書は、AWSのサービスを解説することが主目的なので、残念ながらネットワークについての説明は、「専門書なみに説明する」というわけにはいきません。

もし、もう少しネットワークについて学びたい場合は、ネットワーク関連の文献や資料にあたるとよいでしょう。

とくに、ネットワークの多くは、基本的に「TCP/IPプロトコル」で通信しています。IPアドレスで識別したり、サブネットに分割したりするしくみは、「TCP/IPプロトコル」から来ています。興味がでてきたら、ぜひ、深く学んでみてください。

まとめ

- ルーティングはルーターから目的の相手へ送信してもらうしくみ
- IPアドレスは宛先
- LAN側の出入り口となるのがゲートウェイ
- IPマスカレードは1対多でグローバルIPアドレスとプライベートIPアドレスを変換する
- NATは多対多でグローバルIPアドレスとプライベートIPアドレスを変換する
- IPマスカレードはポート番号の変換もするがNATはしない

Chapter 6 仮想ネットワークサービス「Amazon VPC」

47 インターネットゲートウェイとNATゲートウェイ
～VPCからインターネットに接続

ルーターとは、データのやりとりをする機械です。AWSでは、物理的なルーターではなく、ソフトウェア的にルーティングを行っています。ルーティングは、ルートテーブルに従って行われます。

● インターネットゲートウェイ

インターネットゲートウェイは、インターネットとの接続を担います。EC2上のインスタンスにWebサイトを置いた場合、Webサイトの閲覧者は、該当のWebページが欲しいというリクエストを送ってきます。このリクエストは、DNSで変換され、グローバルIP（パブリックIPアドレス）を宛先として送られてきます。しかし、EC2インスタンスにはプライベートIPアドレスしか設定できません[※1]。インターネットゲートウェイがリクエストとEC2インスタンスの結び付きの情報を持っており、宛先をプライベートIPアドレスに変換して、該当のEC2インスタンスにリクエストを送ります。

● インターネットゲートウェイがIPアドレスを変換する

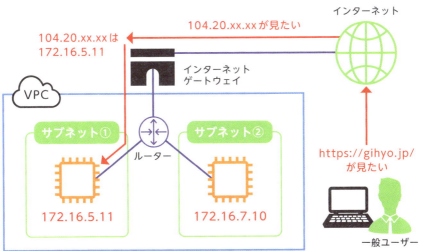

[※1] 操作画面ではインスタンスにパブリックIPが設定できるように見えるが、実際は設定できない。詳しくは本書サポートページ参照。

○ NATゲートウェイ

　社内だけで使いたいサーバーであっても、ソフトウェアのアップデートのため、インターネットにつなぎたいこともあります。この場合は、**NATゲートウェイ**を使用します。NATゲートウェイは、サブネットからインターネットに接続できますが、インターネットからサブネットに接続できないようにすることが可能です。

● NATゲートウェイを使用する

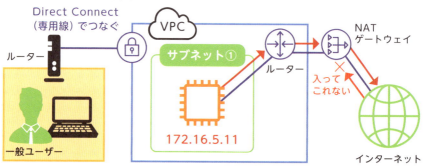

まとめ

▶ インターネットゲートウェイはEC2インスタンスとインターネットの接続を担う

サービス名	インターネットゲートウェイ
URL	https://docs.aws.amazon.com/ja_jp/vpc/latest/userguide/VPC_Internet_Gateway.html
使用頻度	★★★★
マネージドサービス ×	東京 ○・大阪 ○	VPC ○

▶ NATゲートウェイはEC2インスタンスとインターネットの接続を担う。インターネットからはサブネットに接続できないようにする

サービス名	NATゲートウェイ
URL	https://docs.aws.amazon.com/ja_jp/vpc/latest/userguide/vpc-nat-gateway.html
使用頻度	★★★★
マネージドサービス ×	東京 ○・大阪 ○	VPC ○

Chapter 6 仮想ネットワークサービス「Amazon VPC」

48 セキュリティグループと ネットワーク ACL
～セキュリティの設定

AWSでは、セキュリティグループとネットワークACLという2種類の仮想ファイアーウォールが用意されています。これらは、動く範囲が異なり、ルールの適応順序なども違うので、特性をよくつかんでおきましょう。

● セキュリティグループとネットワーク ACL

　VPCの仮想ファイアウォールとして、セキュリティグループと、ネットワークACLがあります。ファイアウォールとは、ネットワークへのデータの出入りをコントロールするしくみです。セキュリティグループとネットワークACLは、インバウンドトラフィック（データが入ること）とアウトバウンドトラフィック（データが出ること）をコントロールします。必ず両方、何かしらの設定が必要なので、明示的に設定しない場合は、デフォルトの設定が適用されます。

● セキュリティグループとネットワーク ACL の特徴

項目	セキュリティグループ	ネットワーク ACL
動作の範囲	インスタンスに対して動作する（最大 5 つのセキュリティグループを割り当て可能）	サブネットに対して動作する
ルール	ルールの許可のみ	ルールの許可と拒否
動作	ステートフル（ルールに関係なく、返されたトラフィックが自動的に許可される）	ステートレス（返されたトラフィックはルールによって明示的に許可する）
ルールの適用順序	すべてのルールを確認して、トラフィックの可／不可を決める	順番にルールを処理しながらトラフィックの可／不可を決める

両者の違いは、動作するレベルと許可の範囲です。とくに大きいのは、**ネットワークACLは、サブネット単位で動作するので、個々のインスタンスに設定する必要がない点です**。万が一インスタンスにセキュリティグループを設定し忘れても、ネットワークACLで対応できます。1つのネットワークACLは複数のサブネットに紐付けることができますが、1つのサブネットに複数のネットワークACLを紐付けることはできません。ネットワークACLを設定済みのサブネットに新たなネットワークACLを設定すると、上書きされます。

● セキュリティグループとネットワークACLでデータの出入りを制御する

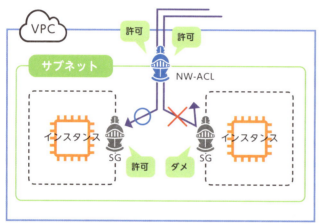

NW-ACL…ネットワークACL
SG…セキュリティグループ

○ インバウンドとアウトバウンドの設定とウェルノウンポート

トラフィックは、インバウンドとアウトバウンドそれぞれに対し、ポート単位で許可・不許可を設定します。ポートは、「25」「80」などのポート番号で指定します。

ポートとは「通信の口」のことです。Web、メール、FTPなど、サーバー上で何かのデーモン（サービス）が動いているときには、そのサービスに対応したポートが待ち受けている状態（開いている状態）になっています。

たとえば、Webサイトを運用する場合は、「http」と「https」のポートを開けます。どのポートを使ってもよいのですが、実際は、サービスごとに**よく使わ**

れるポート（well-known ports）の番号が決まっており、特殊な事情がない限り、そのポートを使います。

　デフォルトの設定では、セキュリティグループはインバウンドを不許可、アウトバウンドを許可しており、ネットワーク ACL は両方許可しています。そこからセキュリティグループの必要なポートだけを開ける設定が一般的です。

● 主なポート番号（ウェルノウンポート）

ポート番号	サービス	内容
25	SMTP	メールの送信
110	POP3	メールの受信
143	IMAP4	メールの受信
80	HTTP	Webの送受信
443	HTTPS	Webの送受信
22	SSH	SSHでの通信
1433	SQL Server	データベースの通信
1521	Oracle Database	データベースの通信
3306	MySQL	データベースの通信
5432	PostgreSQL	データベースの通信
5439	Redshift	データウェアハウスの通信
20 と 21	FTP	ファイル転送での通信（AWSでは使用することが少ない）
53	DNS	ドメイン管理での通信（AWSでは使用することが少ない）
3389	RDP	リモートデスクトップでの通信
32768 -65535		AWSの場合のアウトバウンド応答

COLUMN デーモンとは

　パソコン（サーバー）の電源が入っているときに、常に動き続けるソフトウェア（プログラム）のことです。このように常駐するソフトウェアのことをUNIX系のOSでは、「デーモン（daemon）」、Windowsでは、「サービス（service）」と呼びます。毎回立ち上げて終了させるWordやExcelのようなソフトウェアは、デーモンとは呼びません。Web機能やメール機能などは、デーモンによって実現されています。

● 常駐するソフトウェアはデーモンとよぶ

サーバーに問い合わせたときに回答しているのはデーモン

まとめ

▶ セキュリティグループはインスタンスに対して動作する仮想ファイアウォール

サービス名	セキュリティグループ
URL	https://docs.aws.amazon.com/ja_jp/vpc/latest/userguide/VPC_SecurityGroups.html
使用頻度	★★★★
マネージドサービス ✕	東京 ◯ ・大阪 ◯　　VPC ◯

▶ ネットワークACLはサブネットに対して動作する仮想ファイアウォール

サービス名	ネットワークACL
URL	https://docs.aws.amazon.com/ja_jp/vpc/latest/userguide/vpc-network-acls.html
使用頻度	★★★★
マネージドサービス ✕	東京 ◯ ・大阪 ◯　　VPC ◯

Chapter 6 仮想ネットワークサービス「Amazon VPC」

49 VPC エンドポイント
~ほかの AWS サービスやエンドポイントサービスと接続

AWSには、VPCに対応しているサービスと、対応していないサービスがあります。そのため、それらを連携するためには、互いを接続する必要があります。こうしたときに接続点となるのが、VPCエンドポイントです。

◯ VPCエンドポイントとは

VPCエンドポイントとは、VPC内からVPC外へ接続するための、接続点を作るためのサービスです。

VPC内のサブネット同士は、直接通信することができますし、VPC同士も1つのネットワークのようにつなげることができます。しかし、VPCの外にあるサービスとVPCとは、インターネットゲートウェイを通り、他のユーザーと共有するグローバルなネットワーク[※1]を介して接続する必要があります。

AWSのすべてのサービスがVPC内に置けるわけではありません。代表的な非VPCサービスとしてはS3やDynamoDBが挙げられます。せっかくAWSで作成しているのに、わざわざグローバルなネットワークを介していては面倒ですし、セキュリティ的に不安が残ります。

そこで、インターネットゲートウェイを通ることなく、S3などの非VPCサービスとVPCを直結することができるのが、**エンドポイントサービス**です。VPCの出口としてエンドポイントを設定することで、S3に直接接続できます。

インターフェイスエンドポイントとゲートウェイエンドポイントの2種類があります。

● VPCエンドポイント

VPCと非VPCのサービスを
直接つなげられる

※1）AWSのグローバルな回線ではあるが、インターネット回線は通っていないことが明言されている。

○ インターフェイスエンドポイントとゲートウェイエンドポイント

　VPCエンドポイントは、仮想的なサービスです。冗長性と高可用性を備えていて、自動でスケールされるため、ネットワークトラフィックなどを考えなくてよいメリットがあります。

　エンドポイントには2種類あり、**インターフェイスエンドポイント**は、ネットワークインターフェイス（ENI）として構成するタイプ、**ゲートウェイエンドポイント**は、ルートテーブルに記載してルーティングするタイプです。

　インターフェイスエンドポイントは、プライベートIPアドレスを持つENIであり、そこから各種サービスに接続する出入り口になります。AWS PrivateLinkというしくみを使っているため、AWS以外の他社サービスでも、PrivateLinkに対応していれば使用できます。一方、ゲートウェイエンドポイントは、サービスのリージョン単位で、ルートテーブルに記載する方式です。一度設定したら、そのサービス全体で使用できます。S3やDynamoDBはこの形式をとっています（2021年2月、S3はPrivateLinkにも対応しました）。

●インターフェイスエンドポイントの例

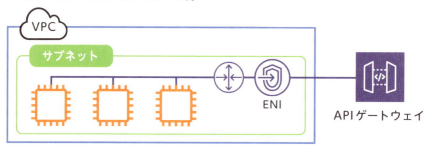

●ゲートウェイエンドポイントの例

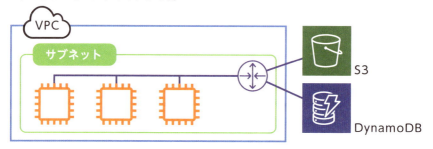

VPCエンドポイントの料金

　エンドポイントの料金は無料ですが、インターフェイスエンドポイントの場合、AWS PrivateLinkを使用するので、その分の料金がかかります。インターフェイスエンドポイントが設定されている限り料金がかかりますが、削除すれば停止されます。

・インターフェイスエンドポイントの料金

料金＝①VPCエンドポイント1つあたりの使用料＋②データ処理量

①VPCエンドポイント1つあたりの使用料
　VPCエンドポイント1つあたり、時間でPrivateLinkの料金がかかります。0.014USドル程度/時間。

②データ処理量
　データ処理量は、処理データ1GBあたりの料金（USドル）は0.01USドル程度。最低料金は、それぞれ1時間と1GBからです（2019年10月時点）。

・ゲートウェイエンドポイントの料金
　使用料は無料ですが、EC2と同様のデータ転送料金がかかります。

まとめ

▶ VPCエンドポイントはインターネットゲートウェイを通ることなく非VPCサービスとVPCの接続を担う

サービス名	VPCエンドポイント
URL	https://docs.aws.amazon.com/ja_jp/vpc/latest/privatelink/vpc-endpoints.html
使用頻度	★★★
料金	VPCエンドポイント基本料金＋データ転送
マネージドサービス ○	東京 ○・大阪 ○	VPC ○

Chapter 6 仮想ネットワークサービス「Amazon VPC」

50 VPCの接続
～VPC同士の接続とVPCとVPNの接続

VPCとほかのネットワークとを接続する方法は、いくつか用意されています。代表的なのは、VPCピアリングやトランジットゲートウェイを使う方法です。ほかに、VPN接続やAWS Direct Connectなどを使うこともあります。

○ VPCの接続

　VPCは、ほかのVPCやネットワークと接続できます。自社のVPC同士だけでなく、他社のVPCと相互に接続することもできます。VPC同士を接続するには、**VPCピアリング**という機能を有効にします。

　またVPCは、物理的なネットワークやほかのクラウドと接続することも可能です。たとえば、自社の社内LANやオンプレミスのシステムと接続すれば、AWSを物理的なネットワークの延長として使えます。つまりAWSは、インターネットでのサービスだけでなく、社内システムを構築するときに使うこともできるのです。

　社内LANやオンプレミスとAWSとを接続するときは、専用線または仮想専用線（VPN）で安全に接続できます。通信内容が漏洩する心配はありません。AWSでは、専用線として**AWS Direct Connect**、仮想専用線（VPN）として**AWS VPN**が提供されています。

●ほかのネットワークとVPCの接続

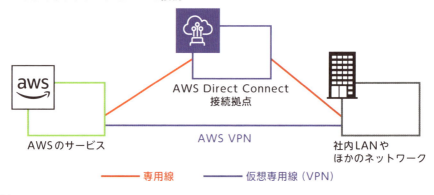

専用線と仮想専用線（VPN）

ネットワークとネットワークとを接続し、大きなネットワークにすることを**WAN（Wide Area Network）**といいます。WANは、昔からある概念で、本社と支社や、支社同士など、1対1でネットワーク同士をつなぎます。

WANを構成する方法が、専用線と仮想専用線（VPN）であり、AWSと、ほかのネットワークをつなぐ場合も使用されているわけです。

①専用線

NTTなどの通信事業者から、専用線と呼ばれる、直結できる配線を借りて接続する方法です。高価ですが、安全で信頼性が高いのが特徴です。

②仮想専用線（VPN）

占有する回線ではなくて、共有する回線を使って、拠点同士を暗号化した通信で接続します。安価ですが、信頼性は低くなります。暗号化技術が破られないかぎり、データ漏洩の心配はありません。ネットワーク同士をつなぐSite to Site VPN（サイト間VPN）と1台のPCだけをつなぐClient VPNの2種類があります。

VPNのうち、インターネットを使って構成するものは、**インターネットVPN**と呼ばれます。インターネットVPNは、インターネット回線だけあればよいため、引き込み工事などは不要、対応したルーターなどの機器を配置するだけで利用できます。

AWS Direct Connect

AWS Direct Connectは、VPCやAWSのサービスとほかのネットワークとを専用線で接続するサービスです。AWS側とは、AWS Direct Connect エンドポイントを接続点として接続します。専用線で接続するので、引き込み工事が必要です。またAWS側に、その接続を受け入れるルーター機器を設置する必要もあるため、導入は大がかりで、月額のコストも大きくかかります。コストを抑えてかんたんに導入したい場合は、AWSパートナーが提供しているAWS Direct Connectの共有設備を使った接続サービスを使う方法もあります。

●ほかのネットワークとVPCの接続

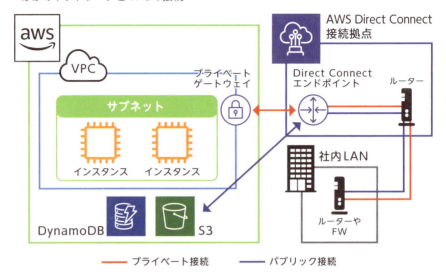

　AWS Direct Connectを使用した接続では、プライベート接続とパブリック接続が用意されています。プライベート接続は、VPCと接続します。接続するには、VPC側にプライベートゲートウェイを構成し、そこを経由して通信します。基本は、1対1で接続できますが、間に、**AWS Direct Connectゲートウェイ**を構成すると、それを分岐して、1対多（AWS側が複数）の接続ができるようになります。AWS Direct Connectゲートウェイは、AWS Direct Connectにおけるコンポーネントの1つです。

　ただ、これではVPCに非対応のサービス（S3やDynamoDBなど）が使用できません。その場合は、パブリック接続を使用します。パブリック接続では、個々のサービスに直接接続します。

○ AWS VPN

　AWS VPNは、インターネットVPNを使って、他のネットワークを接続する方法です。インターネット経由のVPNなので、社内にVPN対応のルーターさえ設置すれば、すぐに使えます。この接続を**VPN接続**（VPNコネクション）といいます。

　具体的には、VPCにVPG（Virtual Private Gateway）を構成します。接続には、

社内のVPN対応ルーターを使います。このルーターは、市販されている一般的なVPN対応ルーターですが、AWSの用語では、**カスタマーゲートウェイ**と呼びます。VPGを作成すると、主要なルーター機種用の設定ファイルをダウンロードできるので、それを改良してルーターに設定するだけで、すぐに使えます。

　AWS VPNは手軽な反面、インターネットを利用しているので、品質も速度も保証されません。回線が切れたり遅くなったりすると重大な問題が生じる場面では、AWS VPNではなく、AWS Direct Connectが無難でしょう。

　また、AWS VPNには、パブリック接続とプライベート接続のような違いはないので、VPCにしか接続できません。VPC非対応のサービスに接続したい場合は、一度VPCに接続し、そこから該当のサービスに接続します。

○ トランジットゲートウェイ

　トランジットゲートウェイとは、VPCやオンプレミスネットワーク（AWS Direct ConnectゲートウェイやVPN接続）を1つにとりまとめて互いに接続する「接続点」を提供するサービスです。異なるAWSアカウント同士の接続もできます。ネットワーク同士を接続するときは、どのネットワークからどのネットワークに接続してよいのか、そして、その経路はどうなるのかを1つずつ設定するのが基本です。数が多くなると、VPCピアリング、AWS Direct Connectゲートウェイなどを、個々に構成しなければならないため、大変複雑になります。トランジットゲートウェイは、こうした複数のネットワークを、いちど中央拠点に集約して、通信経路を統合的に扱うためのサービスです。

● トランジットゲートウェイは接続点を提供する

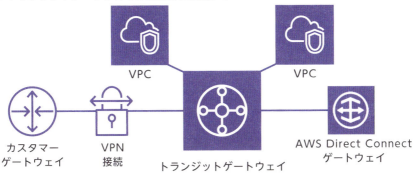

まとめ

▸ VPCピアリングはVPC同士を接続する機能

サービス名	VPCピアリング
URL	https://docs.aws.amazon.com/ja_jp/vpc/latest/peering/what-is-vpc-peering.html
使用頻度	★★
料金	アベイラビリティゾーン間、もしくは、リージョン間の料金に準ずる

マネージドサービス ×	東京 ○・大阪 ○	VPC ○

▸ AWS Direct ConnectはAWSのネットワークに専用線を物理的に引き込む方法

サービス名	AWS Direct Connect
URL	https://aws.amazon.com/jp/directconnect/
使用頻度	★★★
料金	ポート接続料金＋データ転送

マネージドサービス ×	東京 ○・大阪 ○	VPC ○

▸ AWS VPNはAWSのネットワークに専用線を引き込むのを仮想的に実現する

サービス名	AWS VPN
URL	https://aws.amazon.com/jp/vpn/
使用頻度	★★★
料金	AWSサイト間VPN＋Client VPN＋データ転送

マネージドサービス ○	東京 ○・大阪 ○	VPC ×

▸ トランジットゲートウェイはVPCやオンプレミスネットワークを1つにとりまとめて互いに接続する接続点を提供する

サービス名	トランジットゲートウェイ
URL	https://aws.amazon.com/jp/transit-gateway/
使用頻度	★★★
料金	Transit Gatewayへの接続料金＋データ処理。なお、トラフィック料はトラフィック送信者に請求。

マネージドサービス ○	東京 ○・大阪 ○	VPC ○

7章

データベースサービス「Amazon RDS」

「Amazon RDS」は、Amazon Auroraをはじめとする主要なRDBを使用できるサービスです。本章では、RDB以外にも、キーバリューストア型や、ドキュメント指向型、グラフ指向型など、各種データベースサービスについて紹介します。

Chapter 7 データベースサービス「Amazon RDS」

51 データベースと RDB
〜データを管理するシステム

データベースというと、住所録のようないかにもデータの集合体のようなものを想像しがちですが、現在のシステムのほとんどでは、裏でデータベースが活躍しています。よく使われる RDB だけでなく、NoSQL が使用される場面も増えています。

● データベース (DB) とは

ソフトウェアは、大量のデータを扱うときにデータベース (以下、DBと略す) を使用します。今日では、データベースを使わないサービスや、システムはないといってもいいほど、多くのシステムに使用されています。たとえば、ブログやSNSはもちろんのこと、検索サイトやショッピングサイト、カルテのシステムやグループウェア、スマホゲーム、動画サイト、Webメールなど枚挙にいとまがありません。

データベースとは、**構造的に整理されているデータの集合体**です。データが整理されていることで、データを検索したり、特定のデータだけを取り出したりするなど、プログラムからデータを扱いやすくなっています。

●データベースとはデータの集合体

売上データ

id	date	company	charge
20190601	2019年9月4日	シリウス社	216000
20190602	2019年9月4日		
20190603	2019年9月4日		
20190604	2019年9月4日		
20190605	2019年9月7日		
20190606	2019年9月8日		
20190607	2019年9月8日		
20190608	2019年9月9日		
20190609	2019年9月11日		
20190610	2019年9月11日		

住所録

ID	社名	都道府県	住所	郵便番号
1101	シリウス社	東京都	世田谷区赤堤	156-0044
1102	ベガ社	東京都	世田谷区桜丘	156-0054
1103	カペラ社	東京都	世田谷区祖師谷	157-0072
1104	リゲル社	東京都	大田区鵜の木	146-0091

ブログやSNS、ゲームなどで、ユーザーの投稿内容やデータは、DBに記録されます。つまりDBが壊れると、サービスやシステムの中身が消滅するので大惨事なのです。

● データベースとDBMS（デービーエムエス）

　データベースは、あくまで項目がよい感じに並んでいるだけの「データの集合体」であって、それ自体にデータを操作するような機能はありません。Excelのようなものを想像するかもしれませんが、並び替えたり操作したりはできません。そこで操作するのは、**データベース管理システム（DBMS）**[※1]というソフトウェアです。DBMSは、データを格納したり、削除したり、検索したりといった、データベースを実際に操作する役割を担います。

　ただ、DBMSは、あくまで「実際に動く」ソフトウェアであり、AIのように自立した意思があるわけではありません。「このデータを書き込んでほしい」「削除してほしい」「探し出してほしい」などの意思は、人間やプログラムが命令する必要があります。その、データベースに命令する際に使われる言語の1つが、**SQL**（エスキューエル）です。

　SQLには、命令する言葉（構文）や、命令の仕方（文法）が定義されています。SQLは、標準化されているため、多少の方言はあるものの、どのDBMSソフトを使用するときも、おおむね同じ書き方をします。

　SQLは、単独で使うのではなく、プログラムに入れこむことがほとんどです。つまり、データベース自体、プログラムとセットで使用することが前提なので、「データベースを使いたいから使う」というよりは「使いたいシステムやソフトウェアが、データベースを組み込んでいるので使う」ケースの方が多いでしょう。

　一見そう見えなくても、内部でデータベースを使っているシステムはとても多いです。データベースは、実は身近な存在なのです。

● データベースに対する命令

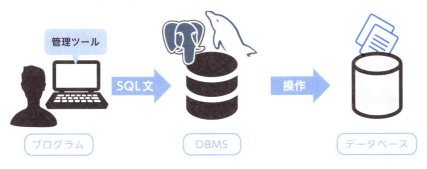

※1）データベースマネジメントシステムとも呼ぶ。DBMSはその略称。

◯ DBMS（データベースマネジメントシステム）

「データベース」といった場合、多くの場面では、データベースとDBMSをセットで意味します。そのため、「データベースは何を使っていますか？」といったときに、「MySQL」や、「PostgreSQL」「Oracle Database」などの名前が挙がりますが、それらは正確にはDBMS、つまり、ソフトウェアの名前です。DBMSには、さまざまな種類があります。

DBMSには、有償のソフトウェアと無償のソフトウェアがあります。有償のDBMSで有名なのは、「Oracle Database」「SQL Server」、無償のDBMSで有名なのは、「MySQL」「PostgreSQL」「MariaDB」でしょう。

それぞれのDBMSの機能に大きな違いはありません。ただ、一部機能が違っていたり、速度重視なのか、安全性重視なのか、スケール化しやすいかどうかなど、得意とする機能は若干違います。

大規模なシステムの場合は、サポートを受けやすいことから、有償のDBMSを選ぶことが多く、小規模なシステムの場合は、コスト的なメリットから無償のDBMSを選ぶことが多い傾向にあります。

● さまざまなDBMS

MySQL
https://www.mysql.com/jp/

PostgreSQL
https://www.postgresql.org/

MariaDB
https://mariadb.org/

Amazon Aurora
https://aws.amazon.com/jp/rds/aurora/

● RDB（リレーショナルデータベース）と非RDB

データベースは大きくわけて、リレーショナル型データベース（RDB）と、非リレーショナル型データベース（非RDB）があります。

リレーショナル型[※2]は、住所録や台帳のように表形式を取り、データの種類を細部まで設定するため、準備に時間がかかりますが、その分、高度な操作ができます。データに対する操作には、SQLを使用します。

非リレーショナル型は、構造が単純で決めることが少ないため、すばやく構築できます。複雑なことはできませんが、アクセスも高速です。代表的なしくみにキーバリュー（Key-Value）型や、ドキュメント指向型があります。SQLを使用しないため、「NoSQLデータベース」とも呼ばれます。

● データベースの種類

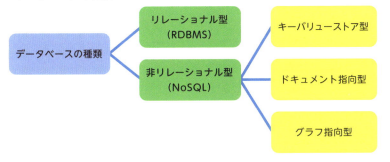

AWSでは、RDB・非RDBのどちらも提供しています。RDBのサービスとして「Amazon RDS（Relational Database Service）」、非RDBのサービスとしては「Amazon DynamoDB」や「Amazon ElastiCache」などがあります。

まとめ

- データベースは構造的に整理されているデータの集合体
- 実際に操作するのはデータベース管理システム（DBMS）
- 「MySQL」や「PostgreSQL」「Oracle Database」はDBMSの種類
- リレーショナル型と非リレーショナル型がある

※2）DBMSの中でもリレーショナルデータベースのDBMSのことをRDBMSと言う。MySQLなどは代表的なRDBMS。

Chapter 7　データベースサービス「Amazon RDS」

52　Amazon RDS とは
～主要 RDBMS が使えるデータベースサービス

AWSでは、6つの代表的なRDBMSを使用できるリレーショナルデータベースサービスとして、Amazon RDS（以下、RDS）を提供しています。Amazon Aurora、PostgreSQL、MySQL、MariaDB、Oracle Database、SQL Serverが利用できます。

● Amazon RDS（アールディーエス）とは

Amazon Relational Database Service（Amazon RDS） は、リレーショナルデータベースである6種類の製品を、クラウド上で最適な動作条件で利用できるサービスです。Amazon Aurora（オーロラ）に加えて、PostgreSQL、MySQL、MariaDB、Oracle Database、SQL Serverに対応し、メモリ、パフォーマンス、I/Oなどが最適化されたデータベースインスタンスとして提供されます。

　提供されるスタイルは、EC2とよく似ています。インスタンスとしてVPC上に配置し、インスタンスタイプも複数用意されています。EC2と大きく異なる点は、RDSは「マネージドサービス」であり、アップデートなどが自動で行われることです。バックアップなど面倒な管理タスクも自動化されており、管理者が行う必要はありません。また、インスタンスの性質もいくつか違う点があります（P.217参照）。

　AWS Database Migration Service（DMS）（マイグレーション）を使用すれば、既存のデータベースからの移行や複製ができます。

● RDSを使えばクラウド上でデータベースの利用が可能になる

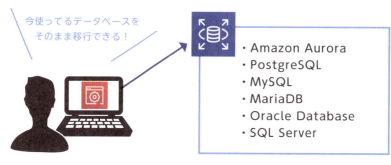

204

インスタンスタイプ

　RDSは、EC2と同じようにインスタンス形式で使用します。インスタンスタイプ[1]は、スタンダード、メモリ最適化、バースト可能の3種類があり、クラスによって「micro」「small」「medium」「large」「xlarge」「2xlarge」「4xlarge」「8xlarge」「16xlarge」などのサイズが用意されています。インスタンスタイプによっては、サポートしていないDBMSやバージョンがあるため、注意が必要です。一度、そのDBMSを前提にプログラムを作ってしまうと、DBMSの変更には手間がかかるからです。

　また、データベースインスタンスは、VPC上に設置する必要があります[2]。

●主なインスタンスタイプ

用途	インスタンスタイプ	内容
スタンダード	db.m5 など	汎用的なインスタンスタイプ
	db.z1d	シングルスレッドによるパフォーマンスを高めたインスタンスタイプ
メモリ最適化	db.x1 など	メモリのパフォーマンスを高めたインスタンスタイプ。多くのメモリを必要とする場面に向く
	db.r5 など	ネットワークとEBSのパフォーマンスを高めたインスタンスタイプ
バースト可能	db.t3 など	CPU の最大使用率までバースト可能

●インスタンスには種類がある

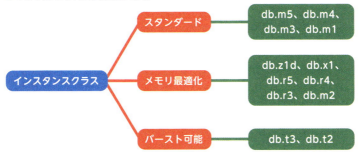

※1) インスタンスタイプ先頭の「db.」は、DBインスタンスであることを表す。
※2) 古いデータベースインスタンスはVPCの外に置くことができたが、現在では、VPC上にしか置くことができない。

● RDS の料金

　RDS の料金は、基本的には EC2 と似ていますが、RDS の特徴として DBMS によるインスタンス料金の違いがあります。DBMS には、無料で使用できる DBMS と有料の DBMS があり、有料の DBMS は、AWS であってもライセンス料がかかります。ライセンス料は、インスタンス料金に含まれています。

> RDS の料金 = ①ストレージ料金 ＋ ②データベースインスタンスの料金 ＋ ③バックアップストレージの料金 ＋ ④通信量

①ストレージ料金
　確保しているストレージ（ディスク）に対する料金です。実際に使っている量ではなく、確保した量に対する課金なので注意してください。

②データベースインスタンスの料金（DBMS ライセンス料を含む）
　EC2 インスタンスと同様に、時間あたりの稼働料金です。手軽に使用できる性能から高性能なインスタンスまであり、高性能であるほど、料金が高くなります。ほかには、冗長性を持たせるかどうかと、利用するデータベースエンジン（DBMS）によって料金が異なります。マルチ AZ 構成で冗長性を持たせる構成にすると、シングル AZ 構成の、約2倍の料金がかかります。有料の DBMS の場合はそのライセンス料金が加算されるため、オープンソースのデータベースを利用するときと比べて高価になります。

③バックアップストレージの料金
　データベースインスタンスでは、バックアップを取ることができます。このバックアップのことをスナップショットといいます。スナップショットはバックアップストレージと呼ばれる場所に作られ、その容量に応じて料金がかかります。ただし、スナップショットの料金は、リージョンのデータベースストレージの 100% を超えたときだけ発生します。たとえば 20G バイトのデータベースを運用している場合、スナップショットの容量が 20G バイトを超えなければ課金されません。

④通信量

データベースインスタンスがインターネットと通信する場合は、その転送量に応じた料金がかかります。VPC内のEC2インスタンスとだけ通信する場合など、同一のアベイラビリティゾーン内でしか通信しない場合は、この料金はかかりません。

 マルチAZ構成とは

「AZ」とはアベイラビリティゾーンの略です。シングルAZ構成では、1つのアベイラビリティゾーンに配置します。対してマルチAZ構成では、複数のアベイラビリティゾーンに配置し冗長構成を取ります。本番環境など、壊れて困るような場合は、マルチAZ構成を使うべきでしょう。

● RDSのメリットとデメリット

　RDSのメリットは、なんといってもマネージドサービスであることです。アップデートが自動的に行われるため、頻繁にメンテナンスをする必要がありません。また、手軽にデータベースを作成できますし、オンプレミスからの移行もかんたんで、特別にソフトウェアの調整をすることなく移行できます。EC2との連携もしやすく、同じネットワーク内であれば、通信も無料です。

　一方、デメリットは、利用者側の自由にできない点があることです。提供されているDBMSの種類やバージョンに限りがありますし、アップデートを自動で行ってくれることは便利ではありますが、都合の悪いこともあるでしょう。「DBMSのバージョンがあがったら、システムがうまく動かなくなった」というのは、頻繁に聞く話です。メジャーアップデートだけでなく、マイナーレベルであっても不具合が起こるときには、起こります。こうしたメリットとデメリットをよく考えて、うまく利用していくとよいでしょう。

COLUMN　RDSの自動アップデート

　RDSは、マネージドサービスです。そのため、新しいバージョンが登場したときやソフトウェアに脆弱性が発見された場合に自動的にアップデートされます。「そんな勝手なことをされては困る！」というケースもあるかもしれませんが、これがマネージドサービスなので仕方がありません。

　ただ、いきなりアップデートするのは乱暴な話なので、停止を伴うメンテナンスが生じる場合、AWSから通知が届きます。このときユーザーには、3つの選択肢があります。

　1つ目は、そのまま自動でアップデートさせる方法です。テスト環境などでは問題が少ないかもしれませんが、嫌がるエンジニアは多いでしょう。

　2つ目は、マネジメントコンソールにログインして手動でアップデートしたり、更新時間を指定したりする方法です。更新時に、データベースインスタンスが一時的に利用できなくなりますが、自分の知らないところでアップデートされることを防げますし、事前にサイト閲覧者やシステム使用者に通知できます。

　3つ目は、あまりおすすめはしませんが、更新を無視することです。しかし、致命的な脆弱性に関する更新については無視できませんし、古くなったバージョンはAWSによってサポートされなくなるため、どこかで更新しなければなりません。つまり、更新しないという選択肢は、問題を先送りするだけに過ぎません。永遠に何もしないという選択肢はないのです。

まとめ

▶ **Amazon RDSはさまざまな種類のリレーショナルデータベースを提供**

サービス名	Amazon RDS
URL	https://aws.amazon.com/jp/rds/
使用頻度	★★★★
料金	ストレージ料金 ＋ データベースインスタンスの料金 ＋ バックアップストレージの料金 ＋ 通信量

| マネージドサービス ○ | 東京 ○・大阪 ○ | VPC ○ |

Chapter 7 データベースサービス「Amazon RDS」

53 RDSで使えるDBMS
~選べるデータベースエンジン

RDSで使えるDBMSには、SQL ServerやOracle Databaseなどの商用データベースもサポートされています。商用データベースの場合、ライセンス料金は インスタンスの使用料金に含まれているため、気軽に使用できます。

● RDSで使用できるデータベースエンジン

　RDSでは、**AWSオリジナルのAmazon Auroraに加えて、PostgreSQL、MySQL、MariaDB、Oracle Database、SQL Serverの6種類のデータベースエンジン（DBMS）が使用できる**ので、オンプレミスからAWSへの移行をスムーズに行えます。SQL ServerやOracle Databaseなどの商用データベースもサポートされています。商用データベースの場合、データベースのライセンス料金はインスタンスの使用料金に含まれています。料金体系がシンプルなところもメリットといえるでしょう。

● RDSで使用できるデータベースエンジン

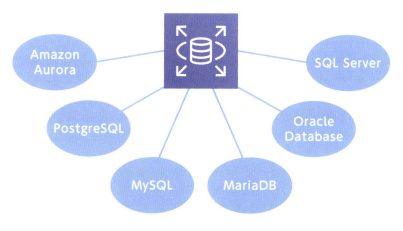

さまざまなDBMSに対応！

● 対応しているDBMSの一覧

　RDSでは以下のDBMSが選択できます。DBMSによっては、複数のバージョンがサポートされています。DBMSやバージョンに対応していないインスタンスクラスもあるので、注意してください。

● RDSが対応しているDBMS

DBMS（提供元）	内容
Amazon Aurora （Amazon）	MySQLおよびPostgreSQLと互換性のある、AWSオリジナルのリレーショナルデータベース
PostgreSQL （PostgreSQL Global Development Group）	1970年代に開発されたIngresというデータベースを先祖とするオープンソースのデータベース。MySQLと同様に、ブログシステムからショッピングサイトまで幅広く使われている
MySQL （Oracle）	スウェーデンのMySQL ABによって開発されたデータベースシステム。その後、サンマイクロシステムズ（現Oracle）に買収された。ブログシステムなどの小規模なシステムからショッピングサイトなどの大きなシステムまで幅広く使われており、オープンソースのRDBMSとして人気が高い
MariaDB （Monty Program Ab）	MySQLの開発者がスピンアウトして開発しているデータベース。機能はMySQLとほぼ同じだが、ライセンスはGPLという違いがある
Oracle Dababase （Oracle）	Oracleが提供するデータベース。小規模なシステムからエンタープライズまで幅広く対応するデータベースであり、証券や金融システムなどに多く使われている。WindowsでもLinuxでも動作する
Microsoft SQL Server （Microsoft）	Microsoftが提供するデータベース。小規模なシステムからエンタープライズまで幅広く対応する。もともとはWindows Server用のソフトウェアであったが、今ではLinuxでも動作する

DBMSの変更には、大きなコストがかかります。SQLが標準化されているとは言え、各DBMS固有の機能もあり、「どこにどんなものが隠されているかわからない」からです。DBMSを変えないまでも、バージョンによって違ってしまうことがあるので、DBMS選びは慎重に!!

● Amazon Aurora(オーロラ)とは

Amazon Auroraは、MySQLおよびPostgreSQLと互換性のあるAWSオリジナルのリレーショナルデータベースです。料金はやや高いですが、堅牢で、ハイパフォーマンスです。互換性があるため、標準的なインポートツールやスナップショットを使用しての移行ができるのはもちろんのこと、SQLもそのまま使用でき、コード、アプリケーション、ドライバー、ツールなど、プログラムやソフトウェア側の調整が必要ありません。

また、AWS用に設計されており、標準的なMySQLやPostgreSQLと比べ、高速です。完全なマネージドサービスであり、運用の手間が少ないです。

Auroraは、他のDBMSと比べ、やや特殊です。AWSオリジナルだけあって、クラスターで管理するしくみになっています。クラスターとは、複数の機器を、まるで1つのものであるかのように構成をしてサービスを提供するしくみです。Auroraも、3つのAZに2つずつのデータ(ボリューム)[※1]を置いて、それを親となるプライマリDBインスタンスが、管理します。

そのため、堅牢で、高速なDBが実現できているのです。

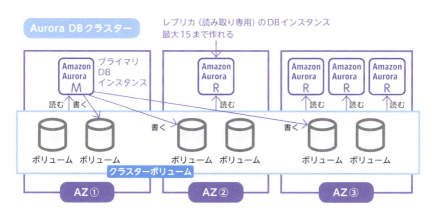

▶ Amazon RDSでは主要なRDBMSが使用できる

※1) クオーラムモデルを取っているため、書き込み(保存)は4つ、読み込みは3つ完了したら成功と見なす。

211

Chapter 7 データベースサービス「Amazon RDS」

54 RDSを使用する流れ
～データベースを使うまで

RDSを使用するには、マネジメントコンソールから、RDSダッシュボードを開いてインスタンスを作成します。インスタンスを作成するなどの点は、EC2と同じですが、マネージドサービスなので、アップデートなどは自動で行われます。

● RDSの操作

データベースの操作は、EC2の場合と同じように、「データベースを準備する」操作と、「データベースを使用する」操作に分かれます。

データベースを準備する操作とは、データベースを作成したり、各種設定したりする操作です。これらは、マネジメントコンソールで行います。また、RDSはマネージドサービスなので、セキュリティパッチの適用やアップデートなどは、自動で行われます。

一方、データベースを使用する操作は、データを入力・削除・変更する操作です。これは、データベースクライアント（管理ツール）や、ソフトウェア（アプリケーション）から行います。

RDSの場合は、ソフトウェアはEC2上に置かれることが多く、連携させて使います。たとえば、WordPress（ブログ用システム）であれば、EC2に本体のアプリケーションを入れ、データベースをRDSに構築します。

● データベースの準備と使用

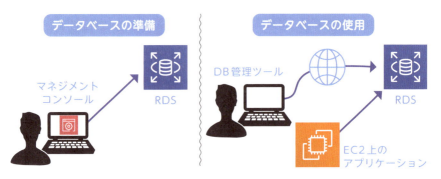

RDSサービスの機能

RDSはデータベースサービスなので、さまざまな設定項目があります。考えたり、調べたりしながら行うと手間がかかるので、あらかじめ準備しておくとよいでしょう。

①データベースエンジンに関する項目

データベースエンジンについては、まずどのDBMSを使用するのかを考えておかねばなりません。また、AWSで対応しているバージョンと対応していないバージョンがあります。多くのデータベースはソフトウェアと連携して使用するので、併用するソフトウェアと対応するDBMSのバージョンも調査しておきましょう。

● データベースエンジンについての項目

項目	意味
データベースエンジン（P.209参照）	DBMSの種類のこと。MySQLや、PostgreSQL、MariaDB、Amazon Auroraなど
ユースケース[1]	本番環境か、開発環境かを表す。本番環境を選ぶとマルチAZがデフォルトで有効になるなど、環境にふさわしい設定が表示される
ライセンスモデル[2]	GPLなど、ライセンスモデルが複数ある場合は選ぶ
データベースエンジンのバージョン	バージョンが複数ある場合は選ぶ

②データベースインスタンスに関する項目

オンプレミス環境でいえば、物理的なサーバーにあたる部分です。料金と効果との相談になるため、必要なスペックと、使える予算から絞り込みます。マルチAZやスケーリングは、データベースの規模や重要度によって選択します。テスト用に使用するのであれば不要でしょうし、どうしても壊れてはならないデータであれば、堅牢な設定にしておく必要があります。

※1）P.211に書いたように本番は堅牢であることが必要。ただし、テスト用ならそこまで神経質にならなくてよい。
※2）ソフトウェアの利用許諾条件はさまざま。

● データベースインスタンスについての項目

項目	意味
インスタンスクラス	データベースインスタンスのスペック。インスタンスタイプのこと。EC2のように複数のインスタンスタイプが用意されている (P.205参照)
マルチAZ配置	アベイラビリティゾーン (AZ) をまたいで冗長化するかどうかの設定 (P.207参照)
ストレージタイプ	ストレージの種類
ストレージ割り当て	ストレージの容量
自動スケーリング	ストレージが足りなくなったときに、自動で増やすかどうかの設定
スケーリングしきい値	自動スケーリングのしきい値
データベースインスタンス識別子	データベースインスタンスのAWSにおける管理上の名前。データベースの名前ではないので注意
マスターユーザーの名前	データベースインスタンスの管理者のユーザー名。任意
マスターユーザーのパスワード	データベースインスタンスの管理者のパスワード。任意

③ネットワークに関する項目

　RDSのインスタンスは、必ずVPC上に置く必要があります。EC2と連携させる予定があるのであれば、あらかじめ、EC2で使用しているサブネットグループやアベイラビリティゾーンを調べておきます。セキュリティグループもあらかじめ作っておくとよいでしょう。

● ネットワークについての項目

項目	意味
VPC	RDSを配置するVPC。VPCを作成するには、VPCダッシュボードを使用する。デフォルトVPCも選択できる (P.174参照)
サブネットグループ	RDSを配置するサブネットグループ。EC2インスタンスと連携させる場合は、同じ場所にするのが一般的 (事前に調査すること、P.176参照)

パブリック アクセシビリティ	データベースインスタンスにパブリックIPアドレスを割り当てるか どうかを表す。同じVPC内のサービス以外からアクセスする場合は、IP アドレスを割り当てる。もちろん、AWS外からデータベースに直接 アクセスしたい場合(社内の端末から直接RDSにアクセスしたい場合 など。ただし危険なので、例としては少ないと思われる)も必要
アベイラビリティ ゾーン	RDSを配置するアベイラビリティゾーン。EC2インスタンスと連携 させる場合は、同じ場所にするのが一般的(事前に調査すること、 P.090参照)
セキュリティ グループ	インスタンス単位で動くファイアウォール。使用するポートを開けて おかないと通信できないので注意。ない場合は、事前に作っておく。 その場で作ることもできる(P.187参照)

④データベースの環境に関する項目

データベースごとに環境を設定できます。保守に関わる項目が多いため、運用を見越した選択が重要です[※3]。

● データベースの環境についての項目

項目	意味
データベースの名前	データベースの名前
ポート	使用するポート。1433 (SQL Server)、3306 (MySQL)、5432 (PostgreSQL)、5439 (Redshift)、1521 (Oracle Database)
データベース パラメータグループ	環境設定のオプション。多くの場合は、デフォルトのままとする
オプショングループ	追加機能の設定。多くの場合は、デフォルトのままとする
暗号化	暗号化するかどうかを表す。インスタンスの種類によっては使用 できない
バックアップ	自動的に作られるバックアップの保存期間
モニタリング	データベースインスタンスをモニタリングする方法。「拡張モニタ リング」を有効にするとより詳細な情報を得られるが、料金がか かる
ログのエクスポート	Amazon CloudWatch Logsを使ってログを出力する
メンテナンス	自動的にアップデートする方法と時間帯
削除保護	削除しないように保護するかどうかを表す

[※3] 本書は、AWSの解説書であるため、データベース専門書と同じ粒度で解説するというわけにはいかない。ここに書かれた内容は、きわめて基礎的な項目なので、書かれたことがちんぷんかんぷんならば、さらなるデータベースに関する学習や経験が必要。

○ RDSを使用する流れ

RDSを使用するには、マネジメントコンソールからRDSダッシュボードを開いてインスタンスを作成します。インスタンスが作成できたら、データベースクライアント（管理ツール）や、ソフトウェアからデータを入力・更新します。

● RDSを使用する流れ

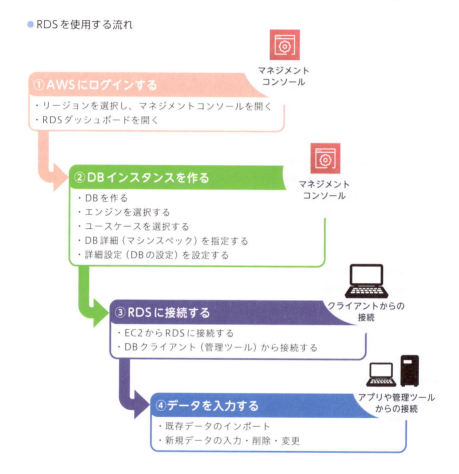

RDSは、多くの場合、EC2上に置いたソフトウェアと連携して使います。そのため、EC2と同じネットワークに設置したり、EC2と連携したりする作業が必要となります。また、EC2、RDS共にVPC上に設置する必要があります。つまり、RDSを使用するときは、EC2とVPCについてもよく知っておく必要

があるということです。

　EC2にソフトウェアを入れたけれど、RDSとうまく連携が取れなかった、となるのは避けたいものです。設計段階から、EC2、VPC、RDSに必要な情報をよく整理しておきましょう。

● EC2インスタンスとRDSインスタンスの違い

　同じ「インスタンス」という名前であっても、EC2インスタンスと、RDSインスタンスとでは、性質が若干異なります。そもそもRDSインスタンスは、DBに特化したインスタンスであるため、それ以外のことはできません。

　RDSは、マネージドサービスであるため、AWSが色々と運用を助けてくれる反面、自由度は下がります。そのため、EC2インスタンスでできるような、SSHでの接続や、AMIへの書き出しはできません。また、RDSインスタンスには、DBMSとデータベースの両方が含まれます。マネジメントコンソールや、スナップショットでバックアップを取るときに、データベース部分のみがバックアップされるのも、データベースならではの事情でしょう。

　DBMSによっては、インスタンスで対応していないバージョンもあります。そうした場合は、EC2インスタンスに自分でDBMSをインストールして使う方法もありますが、このようなRDSインスタンスとの違いをよく理解して、利用する必要があります。

まとめ

- RDSを準備する操作はマネジメントコンソールのダッシュボードから行う
- DBを使用する操作は管理ツールやソフトウェアから行う
- どのDBエンジンを使用するのか選択しておく
- DBインスタンスの種類もEC2と同じように複数から選べる
- ネットワークやセキュリティグループを準備しておく
- リレーショナルデータベースは作成前に設計が必要

Chapter 7 データベースサービス「Amazon RDS」

55 キーバリュー型の データベース
～キーで管理するデータベースサービス

RDBMSの登場よりも前から古くあるのが、キーバリューストア型のデータベースです。RDB全盛期には、あまり使われていませんでしたが、スマートフォン時代の到来により、データの扱われ方も変わってきたため、最近とくに再注目されています。

● キーバリューストア型 (Key Value Store) データベースとは

キーバリューストアとは、データの書式は問わず、そのデータに対して、何か「キー」となる値を結び付けて格納する方式のデータベースです。略して**KVS**とも表記されます。NoSQL[※1]型データベースの代表例であり、実は、リレーショナルデータベースよりも歴史が古いです。

キーというのは、データを見つけやすくするラベルのことです。リレーショナル型と異なり、柔軟性があり、データを書式通りに入力しなくてよい反面、何でもデータとして放り込んでいるだけなので、詳細な検索ができません。その代わり、データへのアクセスが高速です。近年では、ビッグデータ処理やIoTのような、大量のデータの処理や、高速化が求められる場面などで使用され、再注目されています。

● キーバリューストア型データの例

格納される内容はバラバラ
IDとタイプで検索される

ID	タイプ	データ			
1	book01	ロバート・A・ハインライン	「未知の地平線」	「ルナ・ゲートの彼方」	
2	music01	「アルプス交響曲」	大澤文孝・指揮 もうふ交響楽団	Rシュトラウス 作曲	55分
3	movie01	怪獣について語る			
4	movie01	サーバーの立て方	40分		

※1) NoSQLとは、リレーショナル型以外のデータベースのしくみのこと。

218

キーバリューストア型データベースは、AWSに2種類用意されています。1つはストレージに保存するDynamoDB、もう1つはメモリにキャッシュするAmazon ElastiCacheです。

DynamoDB（ダイナモデービー）とは

Amazon DynamoDBは、キーバリューストア型のデータベースです。リレーショナル型に向かない汎用的なデータを保存するのに使用します。

リレーショナル型の特徴は、表であることと、テーブル同士が連携していることです。つまり、事前に形式をしっかり決めておかねばなりませんし、形式通りのデータしか入力できません。テーブル同士が連携（リレーション）していることは、ストレージの節約になりますが、処理が遅くなる側面もあります。

キーバリューストア型は、納めるデータに書式はありません。項目数（列数・カラム数）もバラバラでよければ、データ型も指定しません。テーブル同士の連携もありません。そのため、SQLが使えず、高度な検索ができない弱点はありますが、そのかわり、リレーショナル型よりもはるかに高速に応答します。DynamoDB[※2]はインスタンスなし・VPCなしで使えるので、Lambdaなどの非VPCのアプリケーション実行環境と相性がよいのもメリットです。

大規模なデータを処理するために、ACID（トランザクションとして必要な各性質）トランザクション、データの暗号化、アクセス制御などのサービスが整っています。グローバルテーブルとして作成すれば、世界中に分散しているデータが自分のリージョンに複製されて利用できるようにもできます。

Amazon ElastiCache（エラスティキャッシュ）とは

Amazon ElastiCache とは、インメモリ型のデータベースです。

インメモリ型とは、データベース操作のたびに外部記憶装置と読み書きを行うのではなく、頻繁に読み出しのあるデータは一時的にメモリに置いておく（キャッシュ）など、メモリを活用して処理を高速にする形式です。

DynamoDBはストレージに保存するため、インメモリ型のElastiCacheのほうがより高速です。そのかわり、**インスタンスの再起動時にデータが削除され**

※2）DynamoDBは、キャパシティーユニット（読み書きの容量）での料金であることに注意。

てしまいます。そのため、高速化を目的としたキャッシュとしてよく使われます。
　ElastiCacheには「Redis用」と「Memcached用」があり、RedisとMemcachedは、どちらも代表的なメモリキャッシュ型キーバリューストアのDBMSです。ElastiCacheとこれらとの互換性は大変高く、現在のアプリケーションを変更することなく利用できます[※3]。

※3) 2021年8月にメモリ上で超高速に動作するMemoryDB for Redisがリリースされた。マイクロ秒単位でのアクセス速度が求められる場面では、こちらを採用する傾向にある。

Chapter 7 データベースサービス「Amazon RDS」

56 そのほかのデータベース
〜各種用意されたデータベースサービス

RDBMSとキーバリューストア型以外にも、データベース型が存在します。その代表的なものが、ドキュメント指向型や、グラフ指向型です。AWSでは、こうしたNoSQL型データベースも提供しています。

● そのほかのデータベース

　システムの構造が巨大化・複雑化するとともに、従来のリレーショナル型やキーバリューストア型では対処できないデータのタイプが出現してきました。
　そこで登場したのが、ドキュメント指向型やグラフ指向型などのデータベース型です。AWSでは、それらのデータベース型も選択できるようになっています。

● さまざまなデータベースの型

DocumentDB　　　Neptune　　　　Timestream　　Quantum Ledger
（ドキュメント指向型）（グラフ指向型データベース）（時系列データベース）　　Database
　　　　　　　　　　　　　　　　　　　　　　　　　　　　　　　　　　　（台帳データベース）

AWSには、リレーショナル型やキーバリューストア型以外にもさまざまなデータベースがある！
1つのDBMSにこだわらず、適材適所で使うのがシステム効率化へのポイントです。

● Amazon DocumentDB（MongoDB 互換）とは

Amazon DocumentDBは MongoDB 互換のデータベースサービスです。

MongoDB とは、オープンソースのドキュメント指向型データベースです。JSON 形式をバイナリ化した「BSON」形式でデータを保存できます。2000 年代後半から登場するようになった「ビッグデータ処理、分散処理に向けた NoSQL 型データベース」の中でとくに高い評価を得ています。

DocumentDB は、MongoDB データの入出力を大規模かつ安定に行えるよう最初から設計されています。また、既存の MongoDB ドライバーおよびツールを利用できるのも特徴です。たとえば AWS Database Migration Service を用いて、Amazon EC2 上で実稼働中の MongoDB データベースを Amazon DocumentDB に実質ダウンタイム時間なしで移行するなどということもできます。

● Amazon Neptune（ネプチューン）とは

Amazon Neptuneは「グラフ指向型データベース」です。「グラフデータ」とは、いろいろな要素間の関係や、処理の流れを示すために、ノード（節）同士の連結を方向も含めて記述した内容です。Amazon Neptune は代表的なグラフモデルである Property Graph と W3C の RDF、それぞれのクエリ言語である Apache TinkerPop Gremlin と SPARQL に対応しています。管理は自動化されており、ネットワーク越しのデータの読み書きは HTTPS で暗号化されています。

レコメンデーションやソーシャルネットワーク、ナレッジグラフ（ナレッジベースの発展形で、情報を蓄積するだけでなく情報間に関連性を持たせた技術）などで必要とされる、データ間の複雑な関係を扱えます。

● Amazon Timestream（タイムストリーム）とは

Amazon Timestreamは「時系列データベース」のサービスです。「時系列データ」とは、時間の経過に伴う事物の変化を記録したデータで、IoTの典型的なデータ取得形式です。時間間隔で取得したデータをリレーショナルデータベースに保存することはできますが、集約や集計などのクエリが容易でなくなります。

Amazon Timestreamでは、クエリ処理エンジンが時間間隔別に最適化されており、平滑化・近似・補間などの分析関数が最初から組み込まれています。リソースが競合しないように新たなデータの挿入と既存データからのクエリを異なる処理階層で実行します。必要に応じてスケーリングされるため、はじめに容量や負荷を考える必要がありません。このようにしてIoTデータを扱うパフォーマンスを維持し、データの管理コストを抑えることができます。

● Amazon Quantum Ledger Database（QLDB）とは

Amazon Quantum Ledger Database（QLDB）は台帳データベースです。

台帳では、企業などの商取引や財務の記録に加えて、監査も必要です。リレーショナルデータベースでは監査に必要とされる「データ変更の追跡や検証」には本来対応していないので、カスタムな監査用アプリケーションの開発に時間と手間をかけることになります。

Amazon QLDBでは、データの各変更を追跡し履歴として維持する「ジャーナル形式」を採用しています。ジャーナル内のデータは変更・削除不可で、暗号学的ハッシュ関数（SHA-256）で変更履歴の改ざんを防止しています。一方で、SQL類似のAPIや柔軟なドキュメント指向データモデルなどが備わっており、操作は親しみやすくかんたんです。

まとめ

▶ Amazon DocumentDB はドキュメント指向型データベースを提供

サービス名	Amazon DocumentDB (MongoDB 互換)
URL	https://aws.amazon.com/jp/documentdb/
使用頻度	★★★
料金	データベースインスタンス+ストレージ+I/O+バックアップストレージ、外部へのデータ転送のそれぞれ無料枠超過分

マネージドサービス ○ 　東京 ○・大阪 × 　VPC ×

▶ Amazon Neptune はグラフデータベースを提供

サービス名	Amazon Neptune
URL	https://aws.amazon.com/jp/neptune
使用頻度	★★
料金	データベースインスタンス+ストレージ+I/O+バックアップストレージ、外部へのデータ転送のそれぞれ無料枠超過分

マネージドサービス ○ 　東京 ○・大阪 × 　VPC ×

▶ Amazon Timestream は時系列データベースを提供

サービス名	Amazon Timestream
URL	https://aws.amazon.com/jp/timestream/
使用頻度	★★
料金	テーブルへの書き込み+クエリによるデータスキャン+データストア

マネージドサービス ○ 　東京 ×・大阪 × 　VPC ×

▶ Amazon Quantum Ledger Database は台帳データベースを提供

サービス名	Amazon Quantum Ledger Database (QLDB)
URL	https://aws.amazon.com/jp/qldb/
使用頻度	★★
料金	I/O+ジャーナルストレージ+インデックス化ストレージ+外部データ送信の無料枠超過分

マネージドサービス ○ 　東京 ○・大阪 × 　VPC ×

8章

そのほかの知っておきたいAWSのサービス

AWSで提供されるサービスは、実に240種類を超え、すべてを紹介することはできません。EC2やS3、RDS以外にも、魅力的なサービスがたくさんあります。本章では、その中でも、よく使われるものを紹介します。

Chapter 8　そのほかの知っておきたいAWSのサービス

57 Amazon Route 53
〜AWSのDNSサービス

AWSでは、DNSのサービスも提供しています。それが、Amazon Route 53です。アクセスしてもらいたいアドレスを、実際に使用しているEC2やS3などのAWSサービスのエンドポイントに結び付けます。

● Amazon Route 53（ルート53）とは

Amazon Route 53はDNS（ドメインネームサービス）です。復習しておくと（P.064参照）、DNSとは、Webブラウザに入力した「http://www.mofukabur.com/」のようなURLを、「IPアドレス」に変換するしくみです。

Amazon Route 53では、アクセスしてもらいたいアドレスを、実際に使用しているEC2やS3などのAWSサービスのエンドポイント（接続点）に結び付けます。これを名前解決といいます。Amazon Route 53ではドメインの取得もできます。ドメインの取得とは、「gihyo.jp」や「mofukabur.com」などのドメインの使用権を買って、レジストラ（ドメインの登録を担当する組織）に申請することです。

Amazon Route 53には、トラフィックが1つのエンドポイントに集中しないようにしたり、一箇所のサービスに障害が生じたとき速やかにほかの場所に切り替える機能もあり、ルーティングを柔軟に管理できます。

● Amazon Route 53はDNSの役割を担う

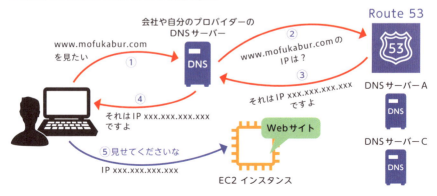

Amazon Route 53の用語

DNSはインターネットの重要なしくみ[※1]ですが、一般的な技術者にはあまりなじみのない言葉もあります。DNSに関する用語は、設定や料金を換算するのに必要なため、ひととおり押さえておきましょう。

● DNSに関する用語

項目	内容
リゾルバー	ドメイン名とIPアドレスを相互に変換する機構を指す。Amazon Route 53の中心的な機能であり、いわゆるDNSサーバーが持つ機能
ラウンドロビン	1つのホスト名に複数のIPアドレスを割り当てて返すと、先頭から接続を試みることを利用し、アクセスされるたびにIPアドレスを返す順序を変えることで、優先する接続先のIPアドレスを恣意的に調整するしくみ。接続先のIPアドレスが複数あることで、複数のサーバーに負荷分散が可能になる
トラフィックフロー	サーバーの負荷や、もっとも効率のよいサーバーのIPアドレスを返すように調整する機構を指す。 遅延が最小となるサーバーに転送するレイテンシベースルーティング、地理的に近いサーバーに転送するGeo DNS、サーバーの稼働をヘルスチェックして、稼働していないサーバーに割り振らないようにするDNSフェイルオーバーを組み合わせて構成する
ホストゾーン	DNSの設定単位。ドメイン全体、または、サブドメインのこと
レコード	ドメインやサブドメイン内に設定した、ドメインとIPアドレスを変換する1つの設定項目のこと
クエリ	DNSに対する問い合わせのこと

 レジストラとレジストリ

　レジストリとは、ドメイン情報のデータベースを管理している機関です。よく似た名前ですが、レジストラはレジストリにドメイン情報の登録を担当する組織です。ユーザーはレジストラにドメイン情報を申請し、レジストラはドメイン情報を登録します。

※1) DNSの話は、初心者には難しいかもしれないので、DNSについて概要や役割を知りたいのであればネットワークの書籍、設定方法を知りたいならサーバーの書籍をあたってみてほしい。

● Amazon Route 53の料金

Amazon Route 53の料金は、次の合計金額です。

料金 = ①ホストゾーンごとの基本料金 + ②問い合わせ件数に応じた料金 + ③ヘルスチェックの料金

①ホストゾーンごとの基本料金

　ドメインやサブドメイン1つあたりで計算します。

　0.50USドル程度/月（25ドメイン以下の場合）（2022年1月現在）。

②問い合わせ件数に応じた料金

　該当のドメインについて問い合わせのあった件数です。100万件が下限となっており、それを超えることはよほど大規模な話です。

　0.40USドル程度/100万件。

③ヘルスチェックの料金

　ヘルスチェックとは、サーバーなどのリソースについて、状態やパフォーマンスを監視する機能です。ヘルスチェックは50個までは無料で、50個を超えると料金がかかります。

まとめ

▶ **Amazon Route 53はDNS（ドメインネームサービス）を提供**

サービス名	Amazon Route 53 (Route 53)
URL	https://aws.amazon.com/jp/route53/
使用頻度	★★★★
料金	ホストゾーンごとの基本料金 + 問い合わせ件数に応じた料金 + ヘルスチェックの料金
マネージドサービス ○	グローバルサービス　　　VPC ×

Chapter 8 そのほかの知っておきたいAWSのサービス

58 AWS Lambda
～サーバーレスでイベントを自動実行

AWS Lambda（以下、Lambda）は、小さなプログラムを実行できるしくみです。あらかじめ登録しておくと実行できます。Lambdaは、とくにS3との組み合わせで注目されており、今後AWSを使用する上で大きく活用されていく機能となるでしょう。

● AWS Lambda（ラムダ）とは

　AWS Lambdaは、データやリクエストのリアルタイム処理やバックエンドの処理を、自動実行するサービスです。かんたんに言うと、**「何かの動きをトリガー（きっかけ）に、小さいプログラムを動かせるしくみ」**です。「何かの動き」とは、人が手動できっかけを送ることもできますが、「メールが届いた」「ファイルが置かれた」など、「サービスで何かが実行されること」をトリガーにする使い方が主流です。こうした動きのことを**「イベント」**と言います。図のように、「①S3バケットにファイルを置かれたこと」をトリガーにして、Lambdaが「③サムネイルを作る」のような使われ方をします。

　Lambdaでは、AWSの利用者が、Lambdaのためのサーバーを用意する必要はありません。AWSが用意してくれます。このようなしくみを、**サーバーレス（Serverless）**[※1]と言います。必要なイベントに応じて自動実行されるため、常駐サーバーとは異なり、プログラムの実行時にのみ課金されます。

■イベントに応じて関数が自動実行される

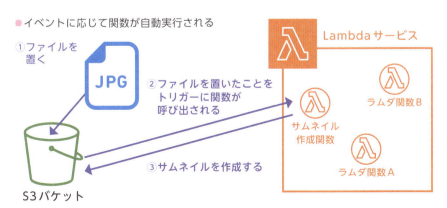

● Lambda関数とイベントソース

　Lambdaは、プログラムのコードをLambdaサービスにアップロードしておくと、特定のAWSサービスと連携して実行できます。アップロードするプログラムのコードを「Lambda関数」といいます。Lambda関数は、特別新しい言語ではありません。よく知られているプログラミング言語で書いたコードを使用できます。また、「Lambdaコンソール」を用いてグラフィカルに登録できる機能もあるので、とっつきやすさも人気の理由です。使える言語はJava、C#、Python、Ruby、Node.js (JavaScript)、Goなどで、よくある目的のためのテンプレートも揃っています。

　Lambdaの呼び出し方は、「①きっかけとなるサービス側が呼び出す」方法と、「②Lambdaがサービスを監視して、勝手にデータを取り込み実行する」方法があります。たとえば、レストランに入ったときに、お客さんが「お水ください」と店員さんを呼んで持ってきて貰うのが前者、店員さんが常に監視しており、お客さんが入ってきたら何も言わなくてもお水を持ってきてくれるのが後者の方法です。これは、方法によって、対応しているサービスとしていないサービスがあります。また、①の方法も、同期・非同期があり、「同期」なら処理が終わるまで待ち、「非同期」なら処理が終わるまで待たずに実行します。

● Lambdaの呼び出し方

① サービスがLambda関数を呼び出す方式

② Lambdaが監視している方式

● API GatewayとEventBridge

　Lambdaとよく組み合わされるサービスをいくつか紹介しておきましょう。API GatewayとEventBridgeは、とくに相性がよいです。

　API Gatewayは、Web API[※2]を作成するサービスです。組み合わせとしては、API Gatewayに来たアクションをトリガーとし、Lambdaを動かします。

　EventBridgeはさまざまなイベントの中継役です。EventBridgeが登場する前はそれぞれのサービスと連携先が一対一で設定されていたため、変更や権限の設定が、連携先に依存するものとなっていました。しかし、EventBridgeでは、イベントの送信先がEventBridgeとなるため、その先に何が接続されるか、どのような処理のイベントか意識しなくて済むようになりました。Lambdaとの組み合わせとしては、やはり、EventBridgeをアクションの受け手として、Lambdaを動かします。

● Lambdaの料金

　Lambdaの料金は、「単価×実行時間（秒単位）×実行回数」です。単価は、Lambdaで確保するメモリによって異なります。

まとめ
▶ **AWS Lambdaはイベントに応じて処理を自動実行するしくみ**

サービス名	AWS Lambda
URL	https://aws.amazon.com/jp/lambda/
使用頻度	★★★
料金	リクエスト＋実行時間（いずれも無料枠超過分のみ）
マネージドサービス ○	東京 ○・大阪 ○　　VPC △

※1）サーバーレスとは事業者側（AWS）がサーバーを用意してくれるしくみのこと。利用者は用意しなくてもよいという意味で、サーバーを使わないという意味ではない。

※2）APIとは、Application Programming Interfaceの略。他のプログラムとやりとりするための窓口。とくにWebアプリの場合はWeb APIと言う。

Chapter 8　そのほかの知っておきたいAWSのサービス

59 AWSのコンテナサービス
～アプリケーション単位で実行できる仮想環境

AWSではDocker形式のコンテナをサポートしています。また、DockerのオーケストレーションツールであるKubernetesと互換のあるAmazon Elastic Kubernetes Serviceも提供されています。

● AWSのコンテナサービスとは

　コンテナとは、プログラムの実行環境を隔離するしくみです。コンテナの代表的な形式がDocker社のDocker(ドッカー)です。コンテナを使うとプログラム単位で扱いやすくなり、上手に構築すると、運用や移行・管理がしやすくなります。

　コンテナは、VMwareなどの仮想マシンと混同されがちですが、両者はまったく別のものです。仮想マシンは、一台のマシンの中に、仮想的なマシンを作るものです。そのため、OSやハードウェアも、仮想的に作られます。一方、コンテナは、実行環境を隔離するだけのものなので、ハードウェアは作られませんし、OSもカーネル(核の部分)は、含まれません。使えるソフトウェアもLinux用のものだけです。その代わり、大変軽量で、サーバー構築の主流になりつつあります。

　コンテナをうまく使うと運用の手離れがよいので、AWSでもEC2を素の状態で使うのではなく、コンテナを組み合わせて使う例が増えてきました。

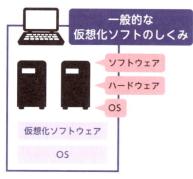

※仮想化ソフトは、仮想マシンをソフトウェアで作るしくみ。ハードウェアの機能ごと仮想化される

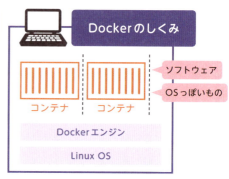

※Dockerは、アプリケーション部分だけを隔離するしくみ。コンテナの中にOSっぽいものが含まれるが、OSのカーネル(核の部分)とハードウェアは含まれない。

● Amazon ECR（レジストリサービス）

　一般的に、コンテナは、レジストリサービスで「イメージ」と呼ばれるコンテナの元になるものが配布されており、それを実行することで、コンテナを作成できます。レジストリサービスとは、EC2のマーケットプレイスのようなもので、イメージを登録・配布できる場所です。

　Dockerの場合は、**Docker Hub**がそれにあたりますが、AWSでは、**Amazon Elastic Container Registry（ECR）** を使います。

● レジストリサービスから配布される

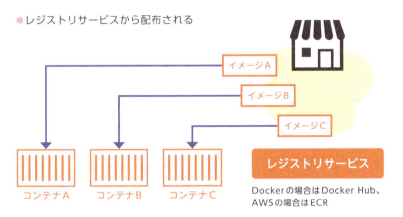

● コンテナを使うならAmazon ECS、Amazon EKS、AWS Fargate

　コンテナを使いたい場合、EC2にDockerをインストールすることもできますが、AWSでもDocker形式をサポートするサービスがあるので、こちらを使った方がスムーズでしょう。

　Dockerを使いたい場合は、**Amazon Elastic Container Service（ECS）** 、コンテナのオーケストレーションツールである**Kubernetes**[1]を使いたい場合は、**Amazon Elastic Kubernetes Service（EKS）** があります。

　どちらもオーケストレーションツールであるため、単体で使うことはできません。コンテナは、EC2や、**AWS Fargate**に作成し、それをECSやEKSでコントロールする構成で使います。

　Fargateとは、ECSとEKSでのみ使えるサーバーレスなコンテナ実行環境で

※1）コンテナのオーケストレーションツール。Dockerとは違うソフトウェア。システム全体を統括し、複数のコンテナを管理できる。K8Sと表記することもある。日本では、クバネティスと呼ばれることも。

す。EC2は、用途を限らないのに対し、Fargateはコンテナ専用であり、マネージドサービスなので、運用の多くをAWSに任せることができます。

　ECSやEKSを導入しただけでも、かなり手離れが良くなるのですが、そこに、コンテナを立てるサービスとして、Fargateを使うことで、よりクラウドのメリットである「運用負担の軽減」を図れます。

●コンテナを使いたいならECSだけでなくEC2インスタンスやFargateが必要

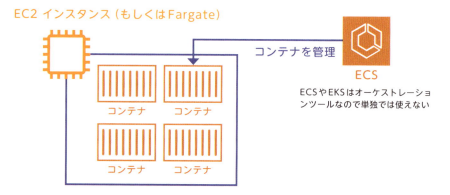

コンテナサービスの用語

　コンテナはそもそもの概念がわかりづらいかもしれません。まずは、Dockerなどで、コンテナの概念について学んでから、AWSで使用するとわかりやすいでしょう。ここでは、コンテナに関する用語を紹介します。

●コンテナサービスに関する用語

項目	内容
コンテナ	プログラム一式をまとめて隔離して実行するシステムのこと
Dockerイメージ	コンテナを構成するプログラムや設定などの一式を指す
Docker Hub	Dockerイメージを登録できるサービス。AWSでは、私的なDocker HubとしてECRを使用する
Amazon EC2 Container Registry (ECR)	Dockerイメージを登録できるサービス
Amazon ECS	Dockerイメージから、EC2やAWS Fargate上にコンテナを作って実行するサービス

Kubernetes (クーベネティス)	コンテナを統合管理するしくみ。クーベルネティス、クーバネティスともいう
Amazon Elastic Container Service for Kubernetes (EKS)	KubernetesをAWSに載せたサービス
AWS Fargate	コンテナを実行するEC2を自動管理するためのしくみ

 コンテナサービスであるDockerはクジラのマークで有名

Dockerはその性質からクジラをキャラクターにしています。名前はあまり知らなくても、クジラのマークは見たことがあるのではないでしょうか。

● コンテナサービスの料金

EC2起動タイプの場合は、「EC2料金」のみで、追加料金はありません。Fargateタイプの場合は、「①割り当てCPUごとの実行単価×稼働時間（分）×コンテナ数 ＋ ②メモリ単価×稼働時間（分）×コンテナ数 ＋ ③データ転送料金」です。

まとめ

▶ **AWSのコンテナサービスはAWSでのコンテナ（プログラムの実行環境を管理するしくみ）を提供する**

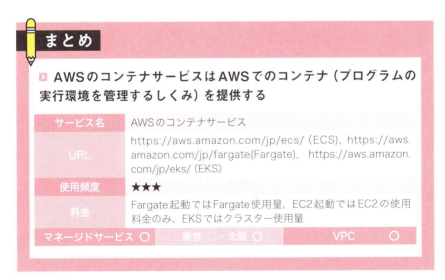

そのほかの注目したいサービス

・Amazon SageMakerとAWS Deep Learning AMI

AWSで機械学習を行うには、Amazon SageMakerを使う方法とAWS Deep Learning AMIを使う方法があります。

Amazon SageMakerは機械学習モデルを簡単かつ迅速に構築・トレーニング、ホスト環境にデプロイするための、完全マネージド型のサービスです。機械学習用に各種アルゴリズムや学習フレームワークを組み込んだJupyter Notebookのインスタンスを用いて、モデルの構築とトレーニングを行います。

一方、AWS Deep Learning AMIは、深層学習のフレームワークとインターフェイスを有するAmazon EC2インスタンスです。SageMakerより環境や手法の選択幅が広く、カスタマイズ可能で、機械学習の詳細な研究に向いています。

・AWS IoT Core

AWS IoT CoreはIoTデバイスとAWS、またはIoTデバイス間のインターネット接続・通信を行うためのマネージド型クラウドサービスです。数十億個のIoTデバイスと数兆件のメッセージを扱えます。

HTTPなどの標準通信プロトコルをサポートしており、TLS暗号化と認証により通信の安全を守ります。「AWS SDK」および「AWS IoT Device SDK」を用いて、IoTデバイスから送信されたデータの処理、IoTデバイスを操作するアプリケーションの開発と実行ができます。

・Amazon Lumberyard

Amazon Lumberyardはゲームエンジンです。付属のゲームエディタでゲームを作成します。

入手（2019年10月時点ベータ版）も使用も無料で、運用のためにAWSを利用するとき料金が発生するだけです。ゲーム収益からの支払い義務もありません。

ライブゲームやマルチプレイヤーゲームの運営、動的コンテンツの利用にはクラウドのコンピューティング・ネットワークリソースやストレージを使用することになるでしょうから、そのときにAWSクラウドと統合されたLumberyardの特長が活かされることになります。

ライブストリーミング配信プラットフォームのTwitchとも緊密に連携できます。動画付きのチュートリアルやドキュメント、フォーラムなどでゲーム開発を習得できます。

索引 Index

A

ACL..142
Amazon Athena 160
Amazon Aurora...................................210
Amazon CloudFront 164
Amazon CloudWatch............................084
Amazon CloudWatch Logs...................085
Amazon DocumentDB..........................222
Amazon DynamoDB 219
Amazon EBS 112
Amazon EC2...............................018, 094
Amazon Elastic Container Registry 233
Amazon Elastic Container Service 233
Amazon Elastic Kubernetes Service 233
Amazon ElastiCache 219
Amazon GameLift................................019
Amazon Lightsail 146
Amazon Lumberyard 236
Amazon Managed Blockchain..............019
Amazon Neptune.................................222
Amazon Quantum Ledger Database.....223
Amazon RDS 019, 204
Amazon Redshift Spectrum 160
Amazon Route 53.........................019, 226
Amazon S3 ....018, 128
Amazon SageMaker 019, 236
Amazon Timestream............................223
Amazon VPC 019, 168
AMI（Amazon マシンイメージ）............106
API..136, 149
APN パートナー............................014, 041
Auto Scaling 124
AWS..010
AWS Amplify.......................................146
AWS Billing and Cost Management 086
AWS Budgets 088
AWS CLI.....................................079, 148
AWS Cloud9 019
AWS Cost Explorer..............................087
AWS DataSync 150
AWS Deep Learning AMI.....................236

AWS Direct Connect............................194
AWS Direct Connect ゲートウェイ 196
AWS Fargate 233
AWS IAM 080
AWS IoT Core......................................236
AWS Lambda 162, 229
AWS re:Invent.....................................042
AWS Transfer Family 149
AWS VPN..194
AWS アカウント 040, 074, 116
AZ..090

C ～ H

CDN...164
CIDR..177
DaaS..070
DBMS...202
DHCP 061, 064, 179
DNS..064, 226
Docker...232
EaaS..053
Elastic IP アドレス 019, 116
ELB..118
FaaS..070
HDD...112
HTML...066

I ～ N

IaaS...052
IAM ポリシー 081
IAM ロール 080
IAM グループ 081
IAM ユーザー 080
Intelligent-Tiering................................133
IPv4...062
IPv6...063
IP アドレス 062, 181
IP マスカレード 182
Kubernetes...233
KVS..218
Lambda 関数.......................................230
LAN..060
MariaDB...210

237

Memcached	220
MongoDB	222
MySQL	210
NAPT	182
NAT	101, 183
NATゲートウェイ	186
NoSQLデータベース	203

O〜X

Oracle Dababase	210
OS	058, 107
PaaS	052
PostgreSQL	210
RDB	203
Redis	220
rootユーザー	075
S3 Glacier	134
S3 Select	160
S3 インベントリ	154
S3 バッチオペレーション	154
SaaS	052
SDK	136, 149
SQL	201
SQL Server	210
SSD	112
SSH	068, 098, 114
T2／T3無制限	103
VPCエンドポイント	191
VPCピアリング	194
VPN接続	196
WAN	195
Webサーバー	056, 067
Webサイトホスティング	144
XaaS	053

あ行

アウトバウンドトラフィック	187
アクション	143
アクセスログ	152
アベイラビリティーゾーン	015, 090
アンマネージドサービス	094
イニシャルコスト	026
イベント	229
イベントドリブン	162
インスタンス	059, 099

インスタンスクラス	205
インスタンスサイズ	111
インスタンスタイプ	110
インターネットVPN	195
インターネットゲートウェイ	185
インターフェイスエンドポイント	192
インバウンドトラフィック	187
インメモリ型データベース	219
ウェルノウンポート	188
エッジサーバー	164
エフェクト	143
エラスティックボリューム	113
エンドポイントサービス	191
オーケストレーションツール	233
大阪リージョン	015, 090
オートスケーリング	124
オブジェクト	137, 138, 140
オブジェクトキー	137
オブジェクトストレージ	112, 128, 140
オブジェクトロック	153
オンプレミス	030, 046

か行

カスタマーゲートウェイ	197
仮想化	048
仮想サーバー	059
仮想専用線	195
ガバナンスモード	154
キーバリューストア型データベース	218
キーペア	115
機械学習	017, 236
クエリ機能	160
クラウド	044
クラウドコンピューティング	045
クラウドコンピューティングサービス	010
グラフデータベース	222
グローバルIPアドレス	063, 101, 116, 182
クロスリージョンレプリケーション	158
ゲートウェイ	181, 182
ゲートウェイエンドポイント	192
公開鍵方式	115
高速コンピューティング	111
コスト	024
コストと使用状況レポート	088

238

索引 Index

コンテナ 232	パブリック接続 196
コンピューティングキャパシティー......094	汎用 111
コンピューティング最適化 111	非リレーショナル型データベース........203
コンプライアンスモード 154	ファイアーウォール 061, 068, 187

さ行

サーバー 054	ファイルサーバー 056
サブネット 061, 176	負荷分散装置 118
時系列データベース 223	プライベートIPアドレス 063, 101, 182
冗長化 051, 090	プライベートクラウド...........................047
シングルAZ 207	プライベート接続 196
ストレージ 112	プリンシパル 143
ストレージクラス 132	ブロックストレージボリューム 112
ストレージクラス分析...........................153	ブロックパブリックアクセス 150
ストレージ最適化 111	分散処理 050
スナップショット 113, 122	ヘルスチェック 228
セキュリティグループ...........................187	ポート 183, 188
専用線..195	ボリュームタイプ 113

た〜な行

ま〜や行

台帳データベース 223	マーケットプレイス 109
タグ 138	マネージドサービス 028, 138, 207
多段階認証...083	マネジメントコンソール 028, 076, 148
ダッシュボード 078, 138	マルチAZ...034, 207
多要素認証...083	マルチパートアップロード 149
低冗長化ストレージ（RRS）.............134	メモリ最適化 111, 205
低頻度アクセス 134	ユーザーポリシー 142

ら行

データベース 200	ライフサイクルポリシー 157
データライフサイクルマネージャー ...113, 123	ラウンドロビン 227
デーモン 190	ランニングコスト 026
デフォルトVPC....................................174	リージョン...............................015, 077, 090
デフォルトゲートウェイ 181	リージョン一覧 092
東京リージョン 015, 090	リソース 076, 143
ドキュメント指向型データベース........222	リゾルバー 227
トラフィックフロー.............................227	リレーショナル型データベース 203
トランジットゲートウェイ 197	ルーター 061, 171, 182
ネットワーク 172, 180	ルーティング 180
ネットワークACL..................................187	ルートテーブル 171

は行

バージョニング 156	レジストラ..226
バースト 103, 111, 205	レジストリ..227
バケット 132, 137, 139, 140	レジストリサービス 233
バケットポリシー.................................142	レプリケーション 158
ハブ 061	レンタルサーバー 046, 094
パブリッククラウド 047	ローカルリージョン 015, 090
	ロードバランサー.................050, 068, 118

239

┃著者プロフィール┃

小笠原 種高（おがさわら しげたか）

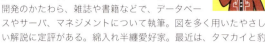

テクニカルライター、イラストレーター。システム開発のかたわら、雑誌や書籍などで、データベースやサーバ、マネジメントについて執筆。図を多く用いたやさしい解説に定評がある。綿入れ半纏愛好家。最近は、タマカイと豹が気になる。

[Website] モウフカブール　http://www.mofukabur.com

主な著書・ウェブ記事

「仕組みと使い方がわかる Docker&Kubernetesのきほんのきほん」（マイナビ出版）
「なぜ？がわかるデータベース」（翔泳社）
「これからはじめる MySQL入門」「ゼロからわかる Linux Webサーバー超入門」（技術評論社）
「ミニプロジェクトこそ管理せよ！」（日経 xTECH Active 他）
「256（ニャゴロー）将軍と学ぶWebサーバ」（工学社）
「RPAツールで業務改善！UiPath入門」（秀和システム）
　他多数

執筆協力　　清水 美樹、浅居 尚、髙橋 秀一郎、川原 英明
監　修　　　大澤 文孝

■ お問い合わせについて

- ご質問は本書に記載されている内容に関するものに限定させていただきます。本書の内容と関係のないご質問には一切お答えできませんので、あらかじめご了承ください。
- 電話でのご質問は一切受け付けておりません。FAXまたは書面にて下記までお送りください。また、ご質問の際には書名と該当ページ、返信先を明記してくださいますようお願いいたします。
- お送り頂いたご質問には、できる限り迅速にお答えできるよう努力いたしておりますが、お答えするまでに時間がかかる場合がございます。また、回答の期日をご指定いただいた場合でも、ご希望にお応えできるとは限りませんので、あらかじめご了承ください。
- ご質問の際に記載された個人情報は、ご質問への回答以外の目的には使用しません。また、回答後は速やかに破棄いたします。

■ 装丁	井上新八
■ 本文デザイン	BUCH'
■ DTP	関口忠（moada office）
■ 本文イラスト	関口忠（moada office）
	小笠原種高
	（ニャゴロウ、専門家のイラス
■ 担当	田中秀春
■ 編集	リブロワークス

図解即戦力
Amazon Web Servicesのしくみと技術がこれ1冊でしっかりわかる教科書

2019年 11月 20日　初版　第 1 刷発行
2023年　8月 17日　初版　第 13 刷発行

著　者　　小笠原 種高
発行者　　片岡 巌
発行所　　株式会社技術評論社
　　　　　東京都新宿区市谷左内町 21-13
　　　　　電話　　03-3513-6150　販売促進部
　　　　　　　　　03-3513-6160　書籍編集部
印刷／製本　株式会社加藤文明社

©2022　小笠原 種高

定価はカバーに表示してあります。
本書の一部または全部を著作権法の定める範囲を超え、無断で複写、複製、転載、テープ化、ファイルに落とすことを禁じます。
造本には細心の注意を払っておりますが、万一、乱丁（ページの乱れ）や落丁（ページの抜け）がございましたら、小社販売促進部までお送りください。送料小社負担にてお取り替えいたします。

ISBN978-4-297-10889-2 C3055　　　　　Printed in Japan

■ 問い合わせ先
〒162-0846
東京都新宿区市谷左内町 21-13
株式会社技術評論社 書籍編集部

「図解即戦力　Amazon Web Services のしくみと技術がこれ1冊でしっかりわかる教科書」係

FAX：03-3513-6167

技術評論社ホームページ
https://book.gihyo.jp/116